Hassina Hafida BOUKHALFA
Nacira CHOURGHAL

Mecanização e Técnicas Agrícolas

Hassina Hafida BOUKHALFA
Nacira CHOURGHAL

Mecanização e Técnicas Agrícolas

Preparar o solo para receber uma cultura

ScienciaScripts

Imprint
Any brand names and product names mentioned in this book are subject to trademark, brand or patent protection and are trademarks or registered trademarks of their respective holders. The use of brand names, product names, common names, trade names, product descriptions etc. even without a particular marking in this work is in no way to be construed to mean that such names may be regarded as unrestricted in respect of trademark and brand protection legislation and could thus be used by anyone.

Cover image: www.ingimage.com

Este livro é uma tradução do original publicado sob ISBN 978-620-2-54825-0.

Publisher:
Sciencia Scripts
is a trademark of
International Book Market Service Ltd., member of OmniScriptum Publishing Group
17 Meldrum Street, Beau Bassin 71504, Mauritius
Printed at: see last page
ISBN: 978-620-3-15707-9

Prefácio

Este livro expõe os principais conhecimentos relacionados com a descrição, funcionamento e utilização de maquinaria agrícola. Limitámo-nos às operações agrícolas que precedem a instalação de uma cultura, e planeamos tratar das seguintes operações nas próximas obras da série "Mecanização e Técnicas Agrícolas".

O trabalho é organizado de acordo com uma cronologia ligada à ordem do trabalho a ser realizado nas terras agrícolas antes das culturas serem plantadas. Nomeadamente, as fases da lavoura e da farinação, apresentando ao mesmo tempo uma descrição detalhada da maquinaria agrícola utilizada em cada operação de cultivo e do seu funcionamento. Também apresentou conhecimentos básicos em termos de técnicas agrícolas e das várias interacções com o ambiente e os seus constrangimentos.

O livro apresenta várias alternativas quanto à escolha judiciosa das cadeias de ferramentas a utilizar de acordo com a natureza do solo e as condições climáticas da região. Esta é uma referência muito útil para os agricultores e consultores agrícolas.

O conteúdo deste livro baseia-se no programa de formação para engenheiros agrícolas e é principalmente dedicado aos estudantes de ciências agrícolas para os ajudar a ter conhecimentos variados durante o seu curso universitário.

Tabela de Conteúdos

TRABALHO TERRESTRE

Introdução

A lavoura inclui todos os métodos de cultivo que mantêm um estado estrutural do solo favorável ao desenvolvimento da planta. Isto para facilitar a germinação, o crescimento e a instalação das raízes. Também permite o enterramento de resíduos de culturas (restolho), emendas (fertilizante mineral e orgânico), e a destruição de vegetação nociva.

Entre os principais objectivos da lavoura, encontram-se os seguintes:

1. melhoria da estrutura do solo: esta consiste em reduzir a sua tenacidade e compacidade, criando assim condições mais adequadas ao desenvolvimento radicular e facilitando a execução de outros métodos de cultivo ;
2. aumento da permeabilidade e porosidade: isto facilita a infiltração da água, o que tem vários efeitos: limitação da água estagnada e do escoamento superficial, fonte de erosão, melhoria do equilíbrio entre água e ar no solo através do fluxo mais rápido da água em excesso, e, por último, promoção da reposição das reservas de águas subterrâneas;
3. preparação da cama de sementes: o desmoronamento dos torrões cria um ambiente que coloca as sementes nas melhores condições de germinação, facilitando o seu contacto com as partículas do solo e o seu humedecimento.

A lavoura também pode ter muitos outros efeitos, tais como :

1. limitação das infestações por ervas daninhas,
2. limitação da perda de água por evaporação,
3. equalização da superfície da terra,
4. o enterramento de fertilizantes, correctores de solos ou outras substâncias, tais como herbicidas pré-emergência.

Definição das diferentes condições do solo e do seu comportamento :

A consistência de um solo varia consideravelmente com o teor de humidade do solo. Ao diminuir gradualmente o conteúdo de água de uma amostra de solo, pode-se ver que o solo passa por vários estados em sucessão:

- **Estado líquido com alto teor de água.**

O solo comporta-se como um líquido. Não tem resistência ao cisalhamento e espalha-se quando é derramado. Os grãos do solo são praticamente separados por água.

• **Estado Plástico :**

O pavimento é naturalmente estável mas, assim que lhe é aplicada uma força, é o assento de deformações importantes, em grande parte não reversíveis sem variação notável de volume e sem o aparecimento de fissuras.

• **Estado sólido**:

O solo comporta-se como um sólido, a aplicação de uma força provoca apenas pequenas deformações. A transição para o estado sólido ocorre inicialmente com uma redução de volume ou retracção, depois em volume constante e, portanto, sem retracção.

Estimar a consistência do solo :

A consistência do solo deve ser estimada na parcela imediatamente antes do trabalho, para este fim:

Alguns torrões de terra devem ser retirados da área de trabalho e tentar desfazê-los entre os dedos e comparar os resultados obtidos com a seguinte tabela :

Comportamento	Duro	Friável	Semi-plástico	Plástico
Em flocos ou arenosos	Motte impossível de quebrar	O torrão desmorona facilmente	O caroço é ensaboado	O caroço torna-se líquido
Intermediário	Motte impossível de quebrar	O tufo desmorona sem colar...	O torrão desmorona em collants	O rootball é moldável
Clayey	Motte impossível de quebrar	O torrão desmorona quando se cola um pouco.	O caroço está deformado e desmorona com dificuldade.	O rootball é moldável

Limites e índices de Atterberg :

Limite de liquidez

O limite de liquidez (wl) caracteriza a transição de um estado plástico para um estado líquido. É o teor de água em peso, expresso em percentagem, acima do qual o solo flui como um líquido viscoso sob a influência do seu próprio peso. Fórmula para o teor de água por peso: Massa de água (g)/Massa de solo seco (g).

Limite de plasticidade

O limite de plasticidade (wp) caracteriza a transição entre um estado sólido e um estado plástico. Este limite indica a percentagem máxima por peso de água que pode ser utilizada para trabalhar o solo e evitar a compactação. Abaixo deste limite, o solo é friável ou fácil de trabalhar de um ponto de vista agronómico. O limite de plasticidade é determinado pela formação de um pequeno fio com a parte fina de um solo sobre uma superfície plana e não porosa. É definido como o teor de humidade, onde o fio se parte com um diâmetro de 3 mm. Um pavimento é considerado como não plástico, se um fio não puder rolar até 3 mm, independentemente do teor de humidade da parte fina do pavimento.

Índice de Liquidez

$$I_l = \frac{W - W_p}{I_p}$$

Índice de Densidade

$$I_d = \frac{e_{max} - e}{e_{max} - e_{min}}$$

Índice de plasticidade

Mede a extensão da gama de conteúdos de água em que o solo está num estado plástico, **Ip = wl - wp**

De acordo com o valor do seu índice de plasticidade. Os pavimentos podem ser classificados da seguinte forma:

Índice de plasticidade	**Grau de plasticidade**
0 < Ip < 5	Não-plástico (o teste perde o seu significado neste campo de valores)
5 < Ip < 15	Plástico médio
15 < Ip < 40	Plástico
Ip > 40	Muito plástico

Índice de Consistência

Este é um indicador derivado:

$$I_c = \frac{w_l - w}{I_p}$$ onde w=w amostra normal

Escolha de condições favoráveis para as várias operações de mobilização do solo :

A distribuição dos tipos de solo baseia-se no seu comportamento em relação às alfaias de lavoura. O comportamento do solo depende tanto do tamanho do grão (conteúdo de argila) como do clima circundante. Por exemplo :

• Um solo pobre em argila não se comporta bem num clima seco, ao passo que se comporta num clima húmido.

• Além disso, o solo rico em argila não se agarra a ferramentas num clima seco.

Por conseguinte, as características dominantes da parcela devem ser mantidas e a tabela seguinte deve ser estimada:

30% BARRO 15% BARRO	No Outono, o solo colado às ferramentas permanece em massa sem se desmoronar. Acontece:	No final do Inverno, o chão está a bater?	Comportamento em terra :
	Nunca →	Muito frequentemente →	Terra batida ou arenosa
	De vez em quando →	De vez em quando →	Comportamento intermédio
	Muito frequentemente →	nunca →	Comportamento do barro

Lavoura convencional:

A lavoura convencional consiste em três operações distintas:

- Lavoura;
- O recomeço das lavouras ou pseudo lavouras;
- As formas superficiais.

Lavoura:

O objectivo da lavoura é soltar e higienizar o solo superficial, o que acelera a velocidade de limpeza e facilita a sua exploração pelas raízes das culturas. Também permite enterrar e misturar resíduos de culturas no solo para que não impeçam a preparação da cama de sementes, para destruir a vegetação nociva e certas pragas através do enterramento e para facilitar a preparação da cama de sementes. Os índices de qualidade e energia das camas de sementes baseiam-se em :

- A natureza física e química do solo a ser trabalhado.
- A profundidade da camada superficial do solo.
- A época do ano (o clima).

Teoria da lavoura :

Théorie du labour

A lavoura consiste teoricamente em cortar uma faixa de terra com uma secção rectangular ABCD, e virá-la numa posição A'B'C'D' colocada a cerca de 45°. Esta posição pode variar na prática, dependendo da relação entre largura e profundidade da lavoura.

A distância AB representa a **profundidade da** lavoura.

A distância BC representa a **largura da** lavoura.

O plano determinado pela linha AB é chamado **parede** ou por vezes **frayon**.

O plano determinado pela linha BC representa o **fundo da linha** ou **bitola**.

A área rectangular ABCD representa a **secção transversal da** lavoura.

Tipos de lavouras :

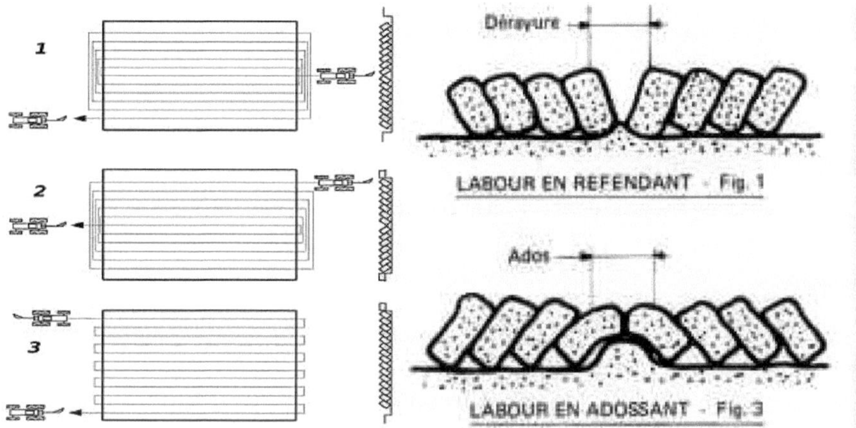

Métodos de lavoura em plano
1. Arar em tábua encostando-se contra ela.
2. Arar em tábua durante a divisão.
3. Lavoura plana.

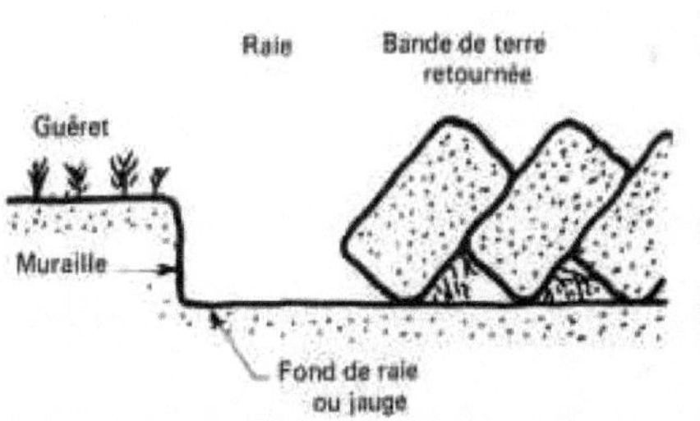

A lavoura pode ser realizada de duas maneiras, dependendo do padrão de lavoura e do tipo de arado utilizado:

- **aragem plana, com** as faixas de terra sempre atiradas para o mesmo lado. Requer a utilização de uma charrua reversível para que a direcção da descarga possa ser invertida numa viagem de regresso;

- **lavoura em tábuas ou cristas**. Este é o único que pode ser feito com uma simples charrua que dá a volta à parcela, e pode ser feito :
    - **cortando, com** as tiras a serem rejeitadas para o exterior do tabuleiro (deixando um "arranhão" no centro do tabuleiro),
    - **inclinando-se para trás**, as tiras sendo rejeitadas em direcção ao eixo do quadro (deixando um "adolescente" no centro do quadro).

Pode ser feita uma distinção de acordo com a profundidade do trabalho:

- **lavoura ligeira**, de 10 a 15 cm, realizada em particular para o recomeço da lavoura na Primavera,
- **lavoura média,** de 15 a 30 cm, que é a mais difundida, particularmente para as culturas cerealíferas,
- **lavoura profunda,** de 30 a 40 cm, para culturas de raízes profundas (beterraba, alfafa, etc.),
- acima de 40 cm, **a lavoura** é efectuada para **quebrar o solo, em** particular para permitir o cultivo de novas terras ou para preparar a plantação de pomares.

Pode-se distinguir de acordo com a inclinação das bandas :

- **a lavrar**,
- **arado atirado**,
- **lavouras planas**.

EQUIPAMENTO DE LAVOURA :

O equipamento utilizado para a lavoura é a charrua. Os arados podem ser classificados de acordo com vários critérios:

1. De acordo com o destino:
    - arado para a lavoura nos campos.
    - Arado para a lavoura em pomares.
    - Arado para a lavoura da vinha.
    - Arado defensivo.
2. De acordo com a forma das peças de trabalho:
    - Arado com acções e aiveca.
    - Arado de disco.
3. De acordo com o método de lavoura :
    - Arado normal (vira sulco apenas para um lado).

- Arado reversível ou charrua pendular (vira o sulco sucessivamente de ambos os lados).

4. De acordo com a profundidade da lavoura :
   - Arado para lavoura rasa (08 a 15cm).
   - Arado para a lavoura normal (15 a 25cm).
   - Arado para a lavoura profunda (25 a 35cm).
   - Arado defensivo (mais de 35cm).
5. De acordo com o modo de atrelagem :
   - Arado arrastado (puxado).
   - Arado semi-montado.
   - Arado transportado.

I. Arado com acções e aiveca :

I. 1 Constituição :

A charrua de aiveca e de aiveca é constituída pelos seguintes componentes:

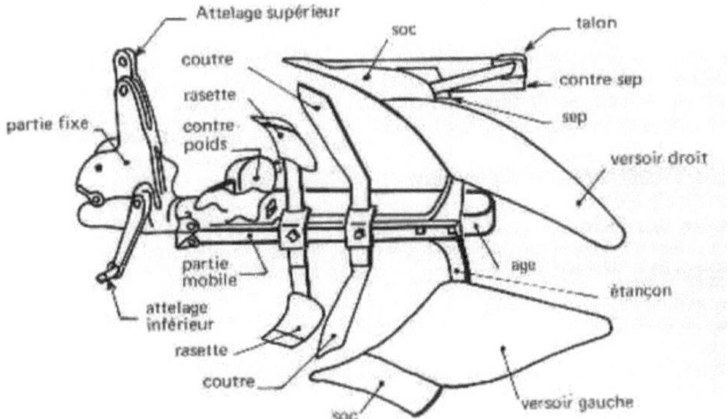

I. 1. 1. peças de trabalho :

A unidade "partilhar, a aiveca" desempenha o papel principal cortando o sulco à medida que se desloca através do solo. O sulco é comprimido, movido e virado sobre a faixa de terra anteriormente lavrada. O corte no plano vertical é efectuado pelo coulter.

I. 1. 1. 1. O coulter:

É uma peça em forma de faca ou disco, a sua parte cortante é disposta de modo a cortar verticalmente a faixa de terra a ser trabalhada. Por conseguinte, é geralmente colocado em frente das outras peças de trabalho. Existem dois tipos: **Raio recto** e **Raio circular**.

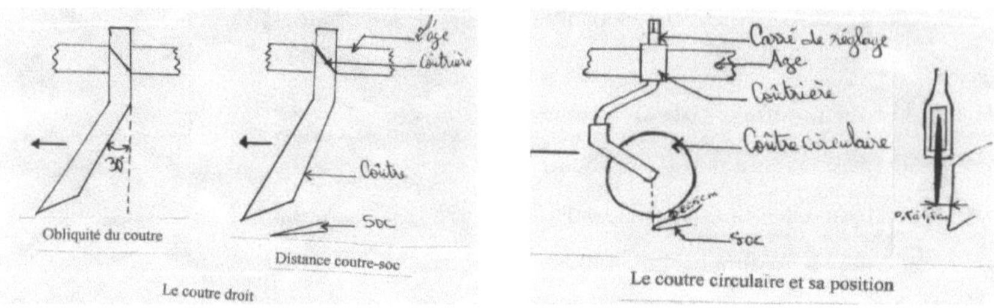

Le coutre droit

Le coutre circulaire et sa position

I. 1. 1. 2. O abrigo :

É uma lâmina de aço, geralmente trapezoidal. O seu papel é cortar horizontalmente a faixa de terra cortada verticalmente pelo coulter e iniciar a sua elevação a fim de a derrubar pela aiveca. A largura do coulter é ligeiramente inferior à da faixa de solo, de modo a deixar uma parte que serve de pivô no momento de virar.

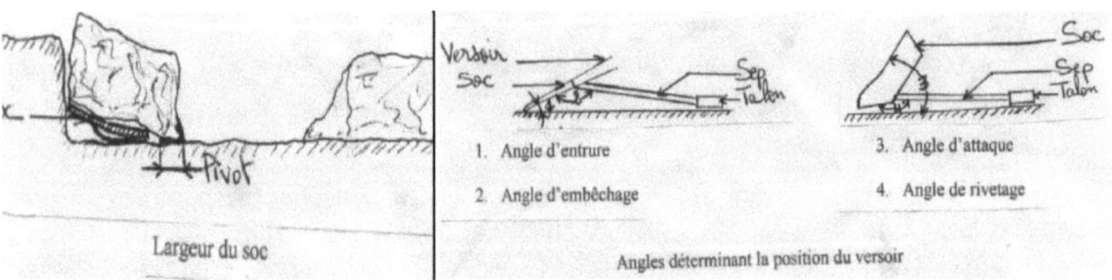

Largeur du soc

Angles déterminant la position du versoir

A sua posição é determinada por quatro ângulos:

- **Ângulo de entrada**: força a charrua a tentar constantemente entrar no solo. O valor é de 5° a 15°, mas pode atingir os 25° para lavouras rápidas.
- **Ângulo de ataque**: dá um ângulo oblíquo à aresta de corte do coulter para facilitar o corte do solo. É de 45°, mas o seu valor pode descer até 35° em certos corpos para a lavoura rápida.
- **Ângulo de** lavoura: transfere o apoio da charrua para dois pontos, o que aumenta a estabilidade e reduz o desgaste. O seu valor é ligeiramente inferior a 180°.
- **Ângulo de rebitagem**: o seu papel e o seu valor são idênticos ao ângulo de engate, mas num plano vertical.

I. 1. 1. 3. o verso:

O papel da aiveca é virar a faixa de terra previamente cortada pelo coulter e a parte. As aiveca são feitas de aço triplex e a sua forma determina a forma como a terra é virada. Esta forma pode ser cilíndrica, helicoidal ou mista.

- **A aiveca helicoidal**: esta forma permite que a aiveca acompanhe a faixa de terra até ao fim da sua volta, o que permite obter uma aragem bem vertida mesmo em solo pesado. O solo é bem solto em comparação com o aiveca cilíndrica. É principalmente utilizado para lavouras pouco profundas.

- Bico **cilíndrico**: inicia a viragem da faixa de terra que deve depois ser completada graças à acção combinada da gravidade e da velocidade. Não pode ser utilizado para solos pesados ou para tracção muito lenta. Por outro lado, o esforço de tracção necessário é um pouco menor e o afrouxamento obtido é muito melhor. É também adequado para lavouras profundas.
- Molde **misto ou universal**: é cilíndrico na sua parte inferior, e helicoidal sobre um maior ou menor comprimento da sua parte posterior. Combina as vantagens de ambas as formas e é a mais comummente utilizada.

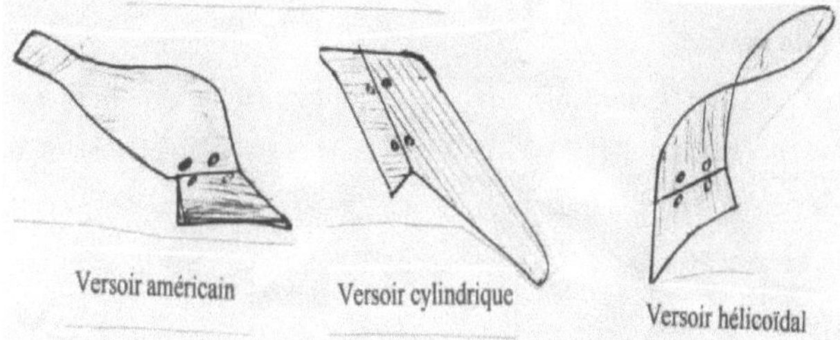

I. 1. 1. 4. o escumador:

Consiste num verdadeiro corpo de charrua em miniatura. É geralmente colocado em frente das outras partes e fixado na idade. O seu trabalho consiste em descascar a parte superficial do solo e enviá-la para o fundo do sulco de modo a que toda a erva, estrume ou detritos vegetais sejam perfeitamente enterrados, deixando assim uma lavoura perfeitamente limpa.

I. 1. 2. Peças de apoio :

I. 1. 2. 1. idade:

É a principal peça de apoio através da qual a tracção da charrua é exercida. Apoia os corpos da charrua por meio das pernas da charrua. A sua forma geral é recta com secção transversal redonda ou rectangular.

I. 1. 2. 2. Os adereços :

O seu papel é o de apoiar os corpos de charrua. São aparafusados à armação. A ligação entre a armação e a arado inclui um dispositivo de segurança baseado num rebite de mola ou de cisalhamento que permite a montagem da parte e da aiveca para ultrapassar obstáculos.

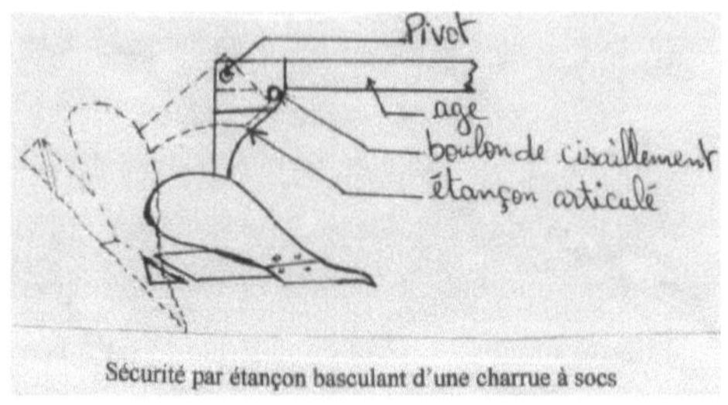

Sécurité par étançon basculant d'une charrue à socs

I. 1. 2. 3. Set :

O papel do sep é de ligar as extremidades inferiores das escoras. Termina na sua parte frontal com a palete que contém os orifícios para a fixação da parte e do fundo da aiveca.

I.1. 2. 4. a roda de apoio :

É fixado à idade da charrua montada e tem o papel de manter constante a profundidade de trabalho ao rolar sobre o restolho. Os arados rebocados estão equipados com três rodas: roda de restolho, roda de sulco e roda traseira.

I. 1. 3 Peças de protecção :

I. 1. 3. 1. a contra-sep:

É uma tira de aço colocada na lateral dos adereços e separadores para os proteger do consequente desgaste e desgaste por fricção contra a parede.

I. 1. 3. 2. o calcanhar:

Usar peça colocada na parte de trás da sepultura ou contra-sepo para evitar o seu desgaste prematuro.

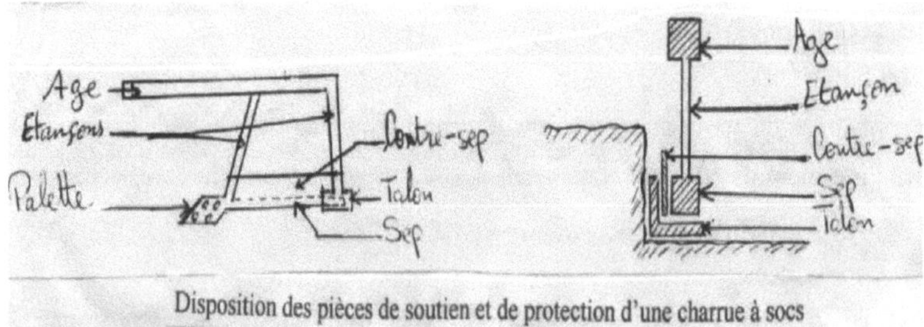

Disposition des pièces de soutien et de protection d'une charrue à socs

I. 2. Configurações :

I. 2.1 Definição da profundidade da lavoura :

É sempre obtido através da variação da distância ao solo da parte da frente da idade, o que tem o efeito de variar o ângulo de entrada. Aumenta-se a profundidade se se diminuir a idade e vice-versa.

- Numa charrua rebocada, uma alavanca ou cilindro varia a posição da roda calibradora e, portanto, a altura da estrutura da charrua.
- Numa charrua montada, isto é conseguido pela posição em altura dos braços de elevação controlados pelo sistema hidráulico do tractor.

I. 2 Ajustar a largura de trabalho :

O único ajuste que o utilizador normalmente faz é a largura do primeiro sulco, que é igual à distância entre o interior do pneu do tractor e a ponta do coulter.

I. 2. 3 Ajuste da inclinação da ponta :

Este ajustamento deve complementar o ajustamento da largura sem o substituir. A inclinação de pico pode ser vista como uma mudança na orientação das idades em relação à direcção. Faz com que a charrua trabalhe mais para a direita ou mais para a esquerda, conforme o caso. O desvio obtido pela inclinação do pico nunca deve exceder 8 a 10 cm.

I. 2. 4. ajuste de inclinação ou de prumo :

A charrua é prumada quando as pernas da charrua estão perpendiculares ao solo a ser trabalhado. Esta posição varia com a profundidade da lavoura e deve ser ajustável. Este ajustamento é sempre conseguido através da rotação da estrutura da charrua em torno do seu eixo longitudinal. No caso de uma charrua multi-partes, o giro tem lugar em torno de uma linha central. As falhas de canalização causam uma variação de profundidade entre os corpos de lavoura direita e esquerda, o que resulta em lavouras irregulares, frequentemente referidas como lavouras "gémeas".

I. 2. 5 Ajustar a borda :

Este cenário é normalmente de interesse para as charruas rebocadas e é conseguido através do deslocamento lateral do ponto de acoplamento. É correcto quando a roda do sulco da charrua passa uniformemente através do ângulo formado pela parede e pelo fundo do sulco. Um desajuste faz com que a roda se desloque para o meio do sulco ou tenta montá-la na cabeceira.

I. 2. 6 Ajustar a secção do calcanhar :

O fundo correcto de uma charrua é visível pelo traço deixado pelo calcanhar no fundo do sulco, deve ser marcado sem exagero. Uma charrua que está demasiado próxima do fundo do sulco carece de estabilidade no eixo dianteiro e, portanto, tende a oscilar da direita para a esquerda e vice-versa, e uma regulação incorrecta do fundo do sulco leva sempre a uma diferença de profundidade entre os corpos da charrua e, portanto, a uma lavoura desigual.

I. 2. 7 Ajustar a costura :

Esta configuração é correcta quando a parede da lavoura é perfeitamente neutra e vertical. Se o abrigos for demasiado profundo, a parede é irregular e dentada. Se o abrigo estiver demasiado afastado, a parede tem a forma de escada.

I. 2. 8 Ajuste do skimmer :

Os escumadores insuficientemente ajustados tornam difícil enterrar ervas daninhas e restolho. A profundidade excessiva do escumador resulta em sulcos mal pisados. Em solo muito duro, o escumador é removido.

II. Arado de disco :

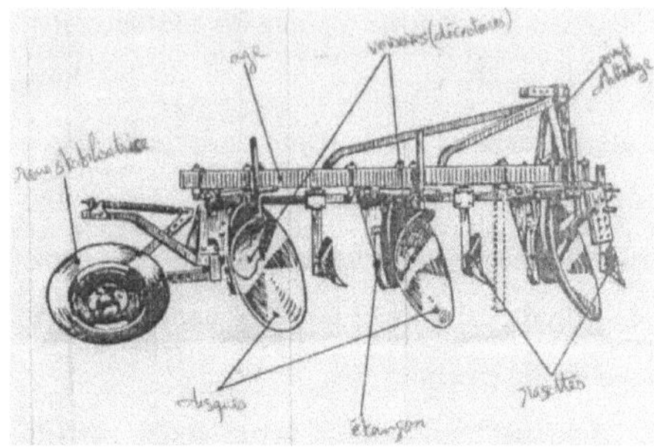

A charrua de discos pode ser trilhada, montada ou semi-montada. No entanto, a solução mais adequada é a solução de rastreio, devido ao elevado peso dos discos. Devem ser utilizados quando se cultiva em solos rochosos (pedregosos) ou entupidos de raízes. São também utilizados em terrenos vegetativos e em terrenos pesados e compactos.

No que diz respeito ao princípio de trabalho, todas as partes de trabalho de um arado para acções são aqui substituídas por um único disco cuja montagem em ângulo duplo lhe permite cortar a faixa de terra numa secção elíptica e depois virá-la.

I. 1 Constituição :

I. 1. 1. peças de trabalho :

I. 1. 1. 1. O disco:

Tem a forma geral de uma tampa esférica. Deve ser suficientemente duro para resistir ao desgaste, e também suficientemente flexível para evitar que se parta. O seu diâmetro varia geralmente de 610 a 815mm e a sua espessura de 6 a 75mm. O centro do disco é fixado à sua escora de modo a permitir que o ângulo de ataque ou de entrada seja ajustado. A posição do disco é determinada por dois ângulos :

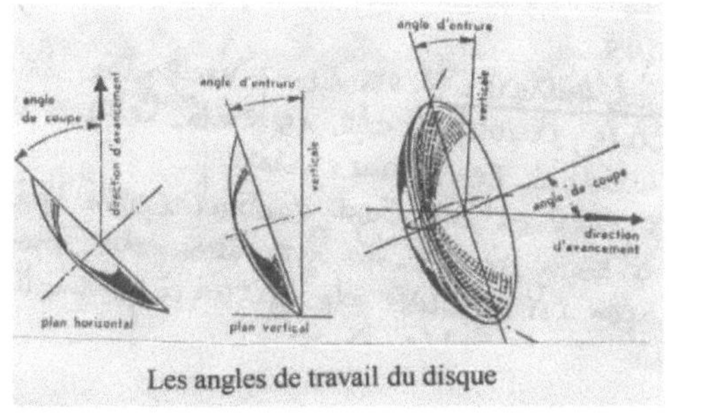

Les angles de travail du disque

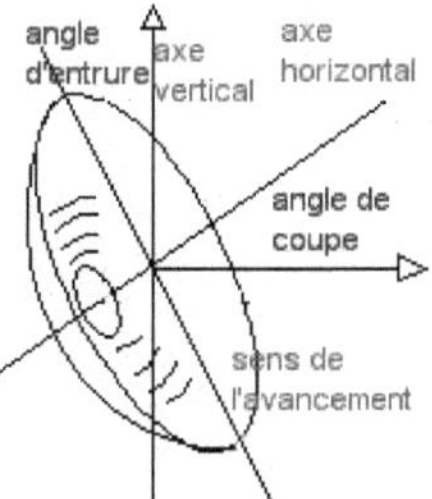

- **Ângulo de ataque**: também chamado ângulo de corte. Fica entre a direcção de alimentação e o plano do disco. O seu valor varia de 30° a 55°.
- **Ângulo de entrada**: situa-se entre o plano do disco e a vertical, variando de 15° a 25°. Esta variação favorece a penetração em solos com uma consistência dura.

I. 1. 1. 2. O raspador:

Também conhecido como versoir ou décro décrotte rasette. É uma peça curva que impede a aderência do solo ao disco, fazendo assim uma curva completa com ele, o que melhora o torneamento e evita o encravamento.

I. 1. 1. 3. o escumador:

É comparável ao utilizado na charrua de abeto e tem a mesma função.

I. 1. 2. Peças de apoio :

I. 1. 2. 1. idade:

Comparável ao das charruas para acções. Pode ser comum colocar obliquamente ou múltiplo.

I. 1. 2. 2. A escora :

Assegura a junção entre o disco e a idade. A sua posição sobre a idade pode ser fixa ou ajustável em distância, e por vezes em orientação (acção sobre o ângulo de ataque e o ângulo de entrada).

I. 1. 2. 3. roda estabilizadora :

É colocada na parte de trás da charrua. O seu papel é apoiar a charrua, que tende sempre a afastar-se da lavoura sob o efeito das forças resultantes, devido à obliquidade dos discos. Rola-se no último sulco e a sua posição é oblíqua na direcção oposta à dos discos para melhor resistir ao escorregamento lateral.

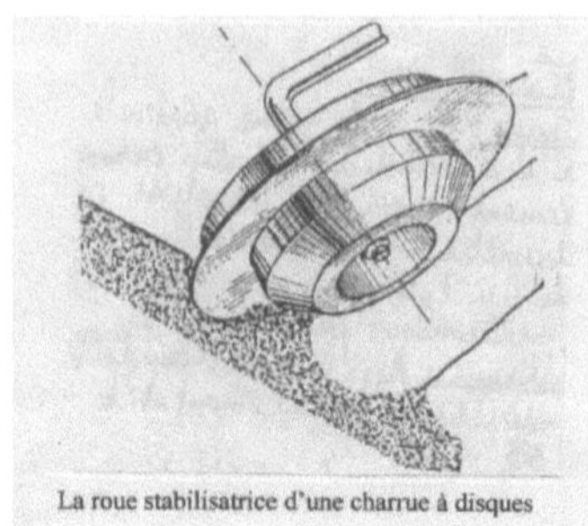

La roue stabilisatrice d'une charrue à disques

II. 2. Configurações :

II. 2. 1. ajustamento da profundidade :

Esta variação pode ser obtida :

- **Ao ajustar o ângulo de entrada**: uma diminuição do **ângulo de entrada resulta** num aumento da profundidade. Por outro lado, não pode ser aumentada em demasia, caso contrário, ocorrerão bloqueios.
- **Movendo o quadro de lado**: este movimento deve ser horizontal, o que significa que a frente e a retaguarda da charrua devem ser movidas simultaneamente.

Nas charruas rebocadas, a profundidade é ajustada através do ajuste da altura das rodas e nas charruas montadas ou semi-montadas através da elevação do tractor.

II. 2. ajustamento da largura :

Este ajustamento pode ser obtido variando o ângulo de ataque ou por vezes movendo as escoras ao longo da idade.

II. 2. 3. configurações secundárias :

Estas configurações incluem: arestas, calcanhar e encanamento. São estritamente comparáveis com os das charruas de aiveca, excepto no caso de arado, em que o deslocamento lateral do ponto de acoplamento é acompanhado por uma orientação correspondente da roda do sulco.

EQUIPAMENTO DE LAVOURA

I. Cultivadores de restolho:

São concebidos para lavouras muito superficiais, favorecendo o aparecimento de ervas daninhas para ajudar a destruí-las mais tarde. Podem ser equipados com coulters ou discos.

Grade de discos :

I. 1 Constituição :

Os discos de uma charrua de restolho são semelhantes aos de uma charrua de discos. O seu diâmetro varia de 560 a 610mm com uma espessura de 4 a 6mm. A sua característica essencial é ter um ângulo de entrada zero, dando a possibilidade de os montar no mesmo eixo.

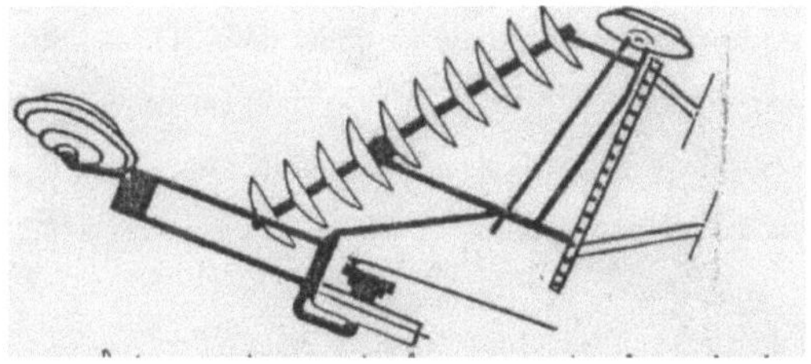

Para modelos montados, a estrutura é limitada a uma estrutura que suporta o eixo do disco e que acomoda os três pontos de acoplamento. Estão também equipados com uma roda estabilizadora para equilibrar o impulso axial dos discos. Nos modelos seguidos, a moldura é comparável à de um arado de disco. Está normalmente equipado com três rodas pesadas e afiadas, duas das quais são oblíquas para resistir ao impulso radial dos discos.

I. 2. Configurações :

- O ajuste da profundidade é conseguido em modelos com uma roda que limita a entrada, ou directamente pela posição do braço de engate. E nos modelos seguidos, aproximando os discos do solo ou alterando o ângulo de ataque, alterando a orientação das rodas. Quando a penetração é insuficiente, podem ser utilizados pesos de lastro.
- O flangeamento é normalmente ajustado por deformação do triângulo da barra de tracção.

II. Cultivadores de discos :

Os cultivadores de discos asseguram um bom desmoronamento do solo e um bom controlo das ervas daninhas. Podem ser utilizados para a lavoura de restolho ou para enterrar estrume verde, mas a penetração é muitas vezes difícil em condições secas.

II. 1 Constituição :

As peças de trabalho são discos semelhantes aos de um cultivador de restolho, com um diâmetro menor (450 a610mm). O ângulo de entrada é zero e o ângulo de ataque varia de acordo com o tipo de ajuste utilizado. Estas unidades utilizam 2 a 4 elementos cada, consistindo cada um num conjunto de 4 a 15 discos montados no mesmo eixo. Os discos são montados nestes elementos invertendo a concavidade de modo a equilibrar os impulsos laterais, poupando assim a montagem da roda de trabalho.

Os cultivadores de discos estão quase sempre equipados com armações angulares para absorverem sobrecargas dependentes da profundidade.

II. 2. Tipos diferentes : De acordo com a disposição dos elementos que se distingue:

II. 2. 1. Cultivador único :

O pulverizador único consiste em duas linhas de discos dispostos em forma de V aberto no lado frontal, a linha de tracção está centrada na ponta do V. O diâmetro dos discos varia de 450 a 560mm, e o seu número de 8 a 20. A desvantagem deste arranjo é que a pequena largura da ponta em V não é trabalhada, o que muitas vezes significa que uma ponta de cultivador tem de ser colocada neste ponto.

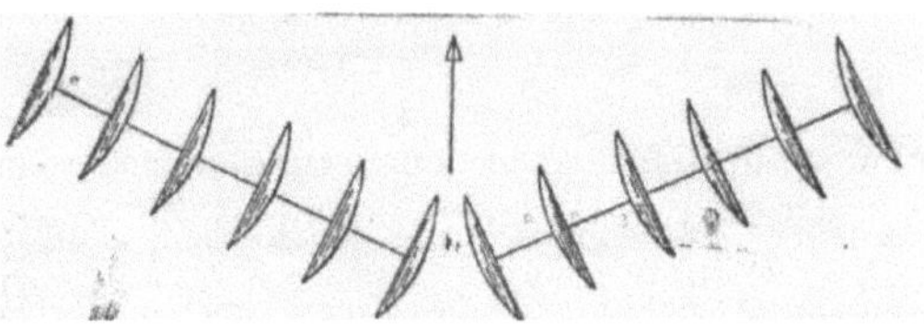

II. 2. Cultivador duplo ou Tandem :

São compostos por uma combinação de dois pulverizadores simples invertidos. O solo é portanto trabalhado duas vezes: o primeiro conjunto de discos inverte-o de um lado e o segundo volta a pô-lo no lugar. O número de discos varia de 16 a 40.

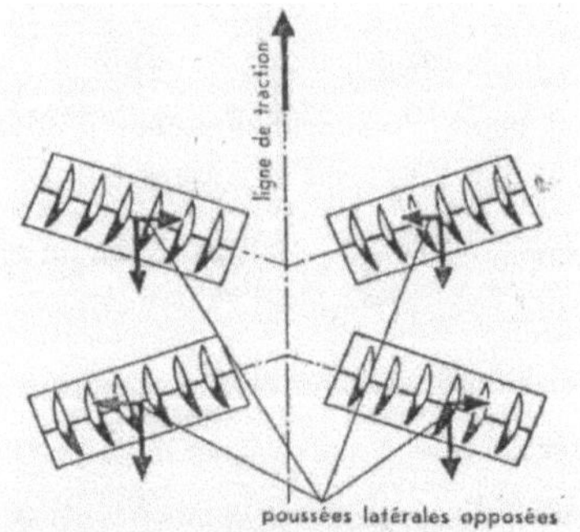

II. 2. 3. perfilhador OFFSET ou cultura de cobertura :

Estas unidades têm duas linhas de disco colocadas uma atrás da outra, o que permite que o solo seja trabalhado duas vezes. A fim de equilibrar o impulso lateral de cada fila de discos, deve ser utilizado um ângulo de ataque mais elevado para o elemento traseiro, que funciona já solto dando menos impulso ao solo. O diâmetro dos discos varia de 510 a 810mm e o seu número de 8 a 44. O elevado peso destas máquinas permite-lhes substituir um cultivador de restolho.

Além disso, não deixam nenhuma parte central intocada como o modelo único ou em tandem.

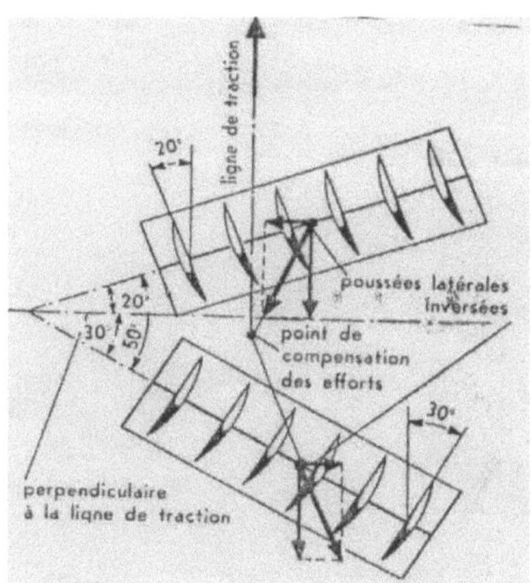

II. 3. configurações :

- A profundidade máxima está principalmente relacionada com o diâmetro dos discos utilizados. Para um determinado diâmetro de discos, a profundidade varia com o peso do equipamento, que pode ser pesado pelas cargas colocadas nas armações previstas para o efeito. Em máquinas com rodas de apoio, é também possível limitar a alimentação, ajustando a sua altura.
- O flangeamento é conseguido movendo o ponto de acoplamento para o lado.

III. Cultivadores de pinheiros :

Estas máquinas permitem um desenvolvimento profundo do solo e um bom arejamento, para além de um controlo eficaz das ervas daninhas e do torrão de terra. Permitem também a incorporação superficial de fertilizantes e erva. Só os cultivadores de pinheiros têm a propriedade de não compactar o solo em profundidade.

III. 1 Os coulters :

Diferentes formas de acções podem ser montadas nas mesmas escoras, dependendo do trabalho a ser realizado.

III. 1. 1. escarificador**:** Escarificador consiste em soltar profundamente o solo sem tentar trabalhar muito a superfície ou destruir ervas daninhas. Estes coulters são geralmente longos e estreitos com duas extremidades frequentemente simétricas que duplicam a vida do coulter por reversibilidade.

III. 1. 2. Desenterramento de acções: O desenterramento destina-se essencialmente ao controlo de ervas daninhas acompanhado de afrouxamento da superfície. O abrigador é portanto largo e tem uma baixa altura de entrada uma vez que trabalha numa posição quase horizontal a uma profundidade apenas necessária para cortar as ervas daninhas.

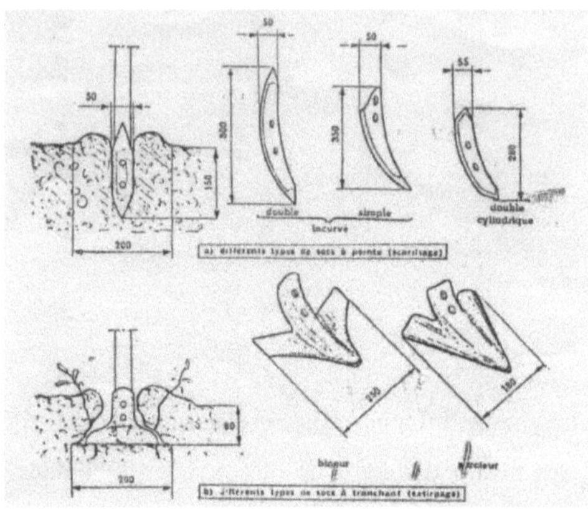

III. 2. Diferentes tipos de escoras :

III. 2. 1 Suporte rígido associado a uma mola: O suporte é mantido no lugar por uma ou duas molas em espiral. Esta solução permite que a escora funcione em segurança, afastando-se de um obstáculo inesperado. Outra realização consiste em utilizar poderosas molas foliares mantendo fortes dentes rígidos destinados a trabalhos muito profundos.

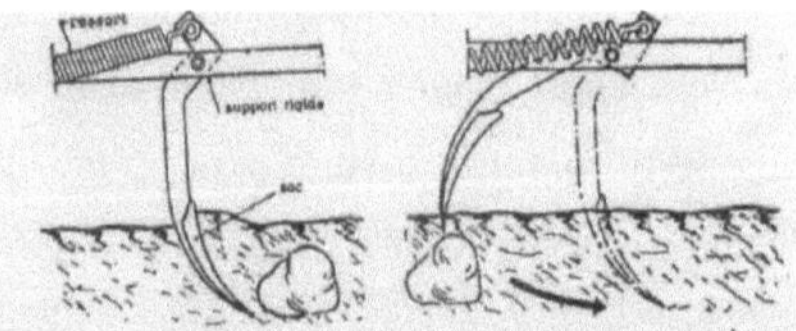

III. 2. escoras de aço plano flexíveis: Estas escoras são flexíveis em todo o seu comprimento devido à sua finura e à natureza do aço. As ferramentas equipadas com estes tipos de adereços são muitas vezes chamadas Cultivadores Canadianos ou Cultivadores Vibratórios. Realizam um trabalho de média profundidade com um alto grau de afrouxamento e bloqueios pouco frequentes graças à grande flexibilidade dos adereços, que são animados por fortes vibrações no solo.

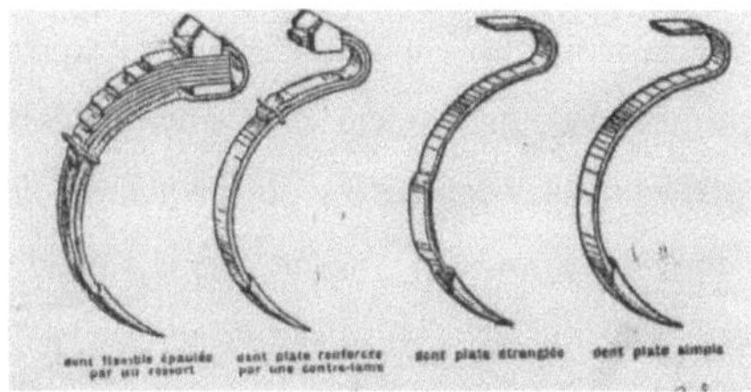

III. 2. 3. Fivela quadrada de aço: Esta forma permite combinar a grande flexibilidade devido ao duplo enrolamento do dente. Os cultivadores equipados com ele são adequados para trabalhos em terra seca e dura e em profundidade.

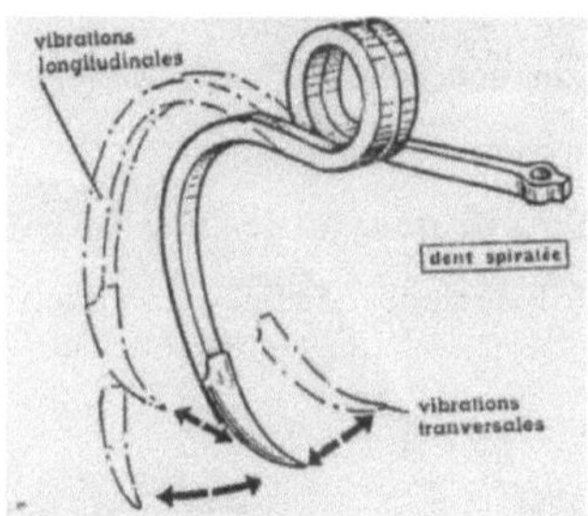

III. 2. 4. Suporte **contra-curva:** Este suporte é muito flexível e permite a realização de trabalhos leves. A sua forma é caracterizada pela contra-curva formada ao nível do solo, que obriga as ervas daninhas a subir até à superfície onde secam, evitando ao mesmo tempo bloqueios e a subida excessiva de solo húmido.

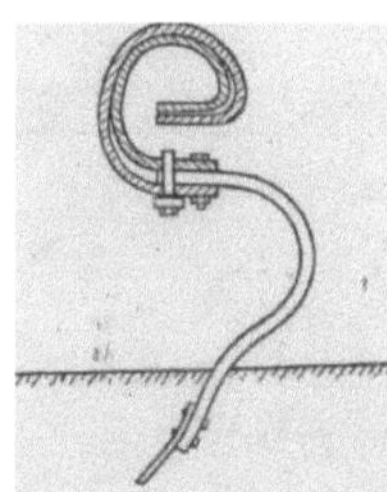

III. 3. moldura :

A moldura é sempre concebida de modo a que as puas sejam dispostas de modo a limitar ao máximo o tamponamento, espaçando as puas vizinhas por várias vigas transversais. As unidades com uma única travessa estão equipadas alternadamente com dentes longos e curtos para obter o desvio desejado. O espaçamento entre pontas é de cerca de 18 a 20cm, mas pode ser tão baixo quanto 10cm em alguns cultivadores vibratórios de acabamento.

III. 4 Configurações :

- A profundidade das alfaias montadas é ajustada pela posição dos braços de elevação ou por rodas limitadoras de profundidade que podem ser levantadas ou baixadas.
- Algumas máquinas estão equipadas com uma grade de gaiola rolante. A profundidade dos elementos cultivadores é controlada por uma corrente ligada à grade e fixada num suporte de posição variável. Esta disposição requer a utilização de um elevador de posição flutuante e permite um excelente controlo de profundidade ao mesmo tempo que assegura uma boa compactação da cama de sementes, graças ao peso transferido para as grades da gaiola rolante.

IV. Cinzéis :

O cinzel pode ser considerado um cultivador de pinheiro gigante. A sua utilização superficial não permite diferenciar a sua acção da do cultivador de puas. Mas a sua utilização específica implica uma profundidade mínima de trabalho de 20 a 30 cm, bem como uma velocidade de trabalho de pelo menos 8 Km/h. Esta dupla condição leva a um rebentamento geral do solo.

IV. 1. Constituição :

IV. 1. 1. A MOLDURA :

Dependendo do modelo, tem dois ou três grandes membros cruzados aos quais são fixados as escoras, os pinos de engate inferior e o suporte de suporte da barra de empurrar. Em caso de resposta insuficiente do elevador hidráulico, é possível equipar a unidade com uma roda de controlo de profundidade.

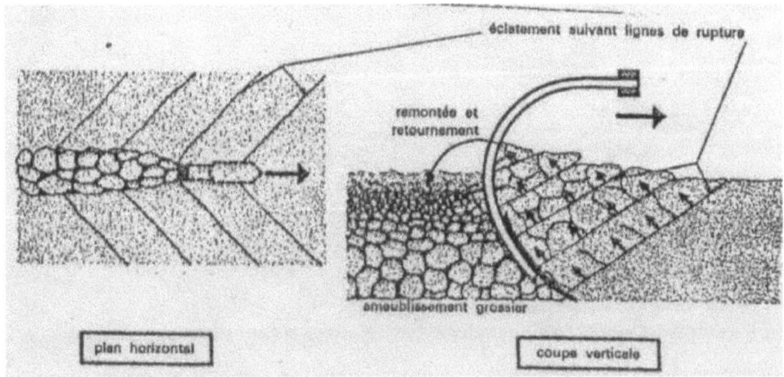

IV.1. 2. As escoras :

São distribuídas judiciosamente sobre os adormecidos para evitar o encravamento. Os seus rastos no solo estão separados por 30 a 40cm. A sua altura é tal que o espaço livre sob o quadro varia de 65 a 100cm. A sua forma geral mais comum é próxima de um semicírculo.

IV. 1. 3 Abrigos :

Várias formas podem ser montadas, dependendo do caso.

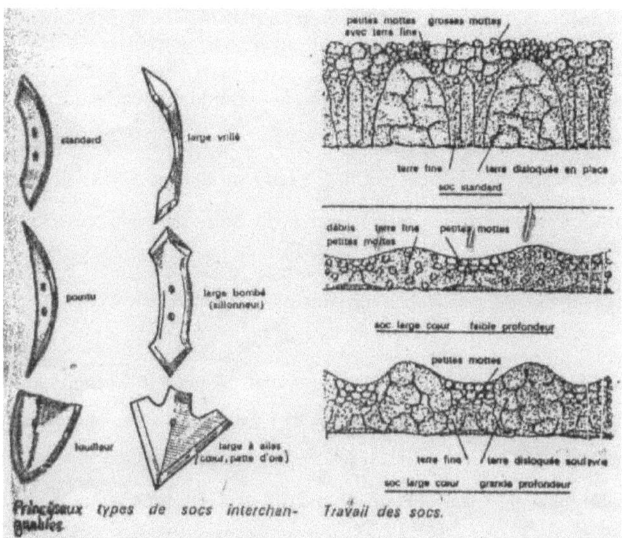

Principaux types de socs interchangeables

Travail des socs.

• **Contentores verticais reversíveis:** podem ser utilizados para trabalhos profundos em solo seco.

• **Abrigos torcidos:** estes são utilizados superficialmente para tirar partido da viragem local do solo, resultando numa ligeira crista da superfície e numa boa incorporação de resíduos de culturas.

• **Parques de charrua de pés-de-cabra:** são reservados para trabalhos de controlo de ervas daninhas em terrenos que já foram soltos.

1.1. V. Cultivadores rotativos :

Estes dispositivos são também conhecidos como "Morangos". A parte de trabalho consiste num veio horizontal com uma velocidade de rotação variável de 130 a 230 rpm, emprestado do veio da tomada de força do tractor, sobre o qual se enroscam um certo número de flanges, cada uma com 6 facas (ou pás) de formas variáveis, e separadas umas das outras por espaçadores que as mantêm a uma distância de cerca de 25cm.

Estes dispositivos podem ser transportados ou semi-transportados.

V. 1 Diferentes formas de espadas :

• **Pá direita:** É utilizada em solo limpo e relativamente leve ou para destruir torrões secos.

• **Pá dobrada:** Proporciona um bom afrouxamento em todos os tipos de terreno, permitindo que os detritos vegetais sejam facilmente enterrados.

• **Pá helicoidal:** adapta-se suficientemente bem para diferentes tipos de trabalho.

• **Pá angulada dupla:** Este modelo é utilizado para trabalhos de desbravamento de escovas ou de limpeza de terrenos.

• **Pá em forma de U:** Esta forma é muito sólida, permitindo o trabalho em solo duro e seco.

V. 2 Definições :

- **Profundidade:** Varia de 0 a 25cm, o ajuste é feito variando a altura das rodas ou patins.
- **Mobiliário:** A delicadeza da pulverização do solo depende essencialmente da sua qualidade:
- A partir da velocidade de avanço do tractor, a qual o afrouxamento é inversamente proporcional.
- A velocidade de rotação das ferramentas a que o afrouxamento é proporcional.

Em condições particularmente difíceis, é possível considerar duas passagens e cruzar, se a forma da peça o permitir.

V. 3 Segurança: Quando a transmissão de movimento tem uma embraiagem de segurança, esta deve ser ajustada muito gradualmente de modo a poder deslizar com a mínima sobrecarga.

EQUIPAMENTO DE LAVOURA POUCO PROFUNDO

I.**Grades:**

As grades trabalham a profundidades pouco profundas para alcançar o afrouxamento da superfície, nivelamento da terra e controlo de ervas daninhas quando as ervas daninhas são suficientemente jovens. Trabalham em larguras de 2 a 5m para soluções montadas e até 15m para soluções seguidas. Podem ser diferenciados pela forma das suas peças de trabalho, bem como pelo possível movimento que lhes pode ser transmitido.

1. **Grades de arrasto com dentes fixos :**

- **Grade em forma de Z:** Esta é a forma mais comum, é geralmente composta por um número variável de elementos chamados "compartimentos"; cada um deles inclui geralmente 5 travessas e 3 a 5 setas. Com os dentes fixados em cada intersecção, um compartimento pode ter de 15 a 25 dentes. Cada ponta é geralmente disposta uma aresta para a frente de modo a nunca estar na mesma travessa que a que trabalha na linha adjacente para evitar o encravamento. Cada compartimento é ligado ao seu vizinho à frente pela barra de tracção e atrás por uma balança ou barra de engate.

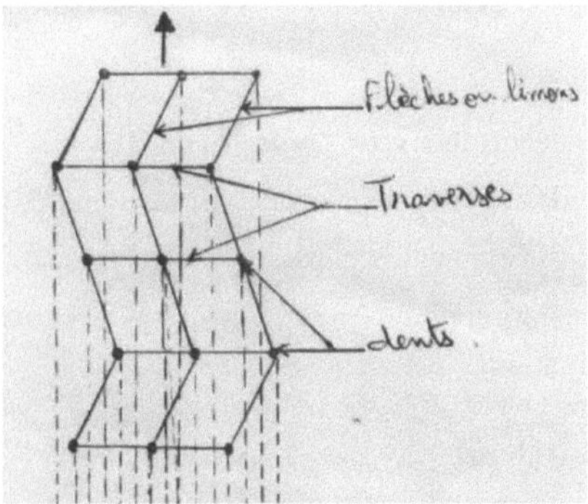

- **Grade flexível:** Este modelo não tem uma moldura diferenciada porque são os dentes que estão ligados uns aos outros para formar um verdadeiro tapete flexível. Este arranjo permite fazer grades muito leves que são interessantes para trabalhos muito superficiais, mondar uma cultura no local, trabalhar nas cristas sem as aplanar...etc.

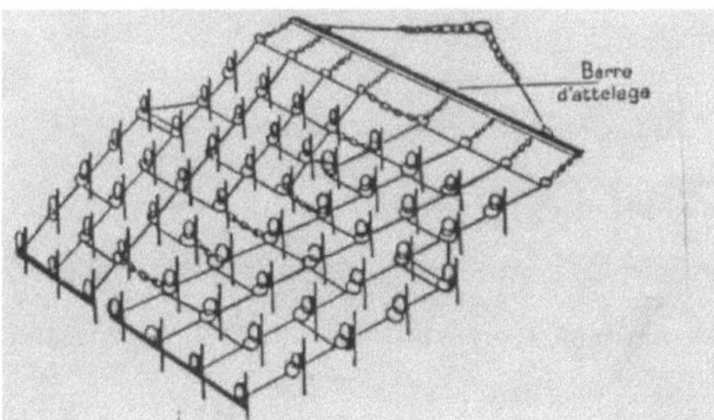

- **Grade rotativa: Este é** um modelo circular suspenso de um suporte adequado para a ligação de três pontos de um tractor. É colocado ligeiramente obliquamente ao chão e começa automaticamente a rodar à medida que avança com a ajuda de um contrapeso ajustável. Este tipo de grade pode ser interessante em culturas arbustivas. Além disso, a rotação evita bloqueios.

- **Grade vibratória com** dentes **flexíveis:** Os dentes finos e muito flexíveis, de 30 a 40cm de comprimento, são distribuídos em filas escalonadas em dois ou três ângulos perpendiculares à direcção da viagem. Estes instrumentos conseguem um afrouxamento de superfície muito bom graças às vibrações muito importantes dos dentes. Além disso, podem realizar enxadas leves.

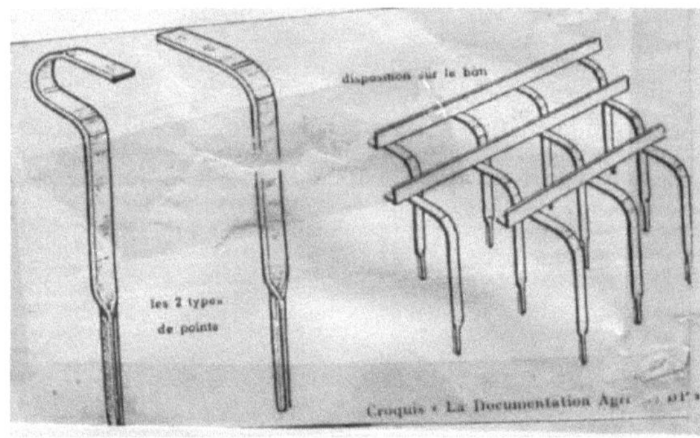

2. Grades com elementos rolantes :

Esta categoria inclui dispositivos com elementos que rodam como resultado da tracção.

- **Grade de estrelas rolantes**: Consiste em um ou dois eixos quadrados dispostos transversalmente, sobre os quais são roscados elementos de ferro fundido com 5 pontos dispostos numa hélice para regularizar o trabalho. Este dispositivo efectua um bom afrouxamento da superfície mesmo em terreno duro, mas causa uma maior compactação do solo do que as grades.

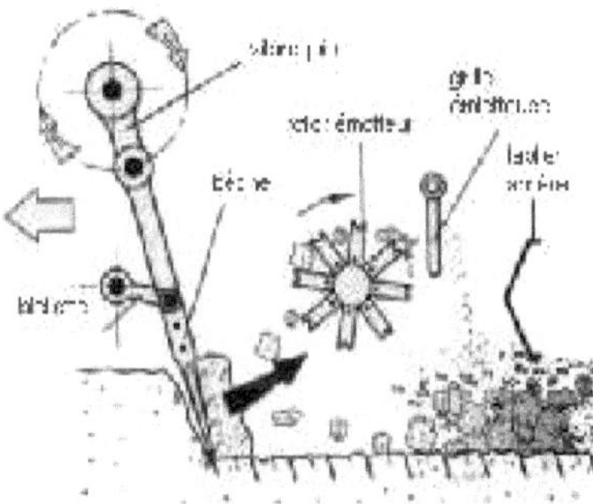

• **Grades de espadas**: as partes de trabalho são constituídas por quatro estrelas côncavas de quatro ramos montadas em árvores dispostas obliquamente. O número de árvores sucessivas (2 a 4) determina a intensidade do trabalho final. Esta máquina tem boas qualidades de penetração, permite um afrouxamento de superfície muito bom a uma velocidade bastante alta.

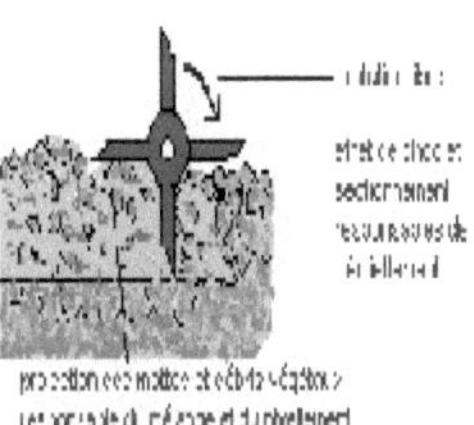

• **Grade de gaiola rolante**: os elementos de trabalho são gaiolas cilíndricas com asperezas no exterior. O movimento destas gaiolas permite afinar o afrouxamento da superfície e nivelar a superfície do solo. Estas qualidades só são verdadeiramente melhoradas no pré-solo, razão pela qual estas máquinas são mais frequentemente associadas a cultivadores de puas flexíveis, onde complementam a acção de preparação de uma cama de sementes.

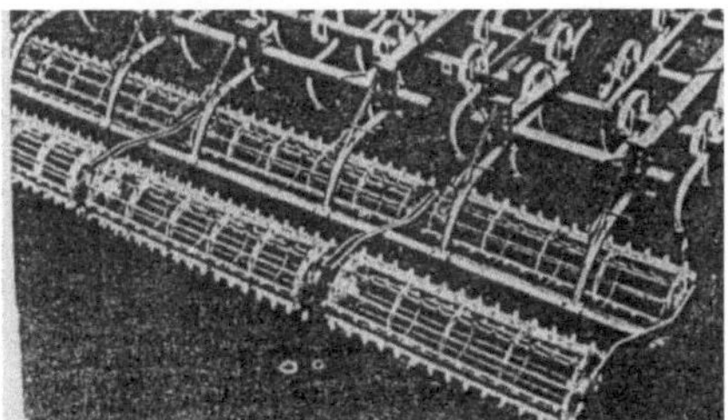

3. Grades encomendadas :

Estas grades são accionadas pelo veio da tomada de força do tractor. Dependendo do movimento transmitido às puas, podem distinguir-se duas famílias principais de alfaias:

• **Grades alternadas**: estão equipadas com dentes verticais de 20 a 30cm fixados em duas ou quatro barras dispostas perpendicularmente aos dentes de avanço e movidas por um movimento de translação lateral. A combinação destes movimentos e o avanço resulta num afrouxamento profundo da superfície. Com estas máquinas existe o risco de se formar uma superfície de trabalho em solo molhado.

• **Grades rotativas**: os elementos que giram em torno de eixos verticais têm normalmente dois dentes e os rotores vizinhos giram em direcções opostas. Um rolo de gaiola na parte traseira completa o trabalho nivelando e compactando o solo e dá um melhor controlo de profundidade.

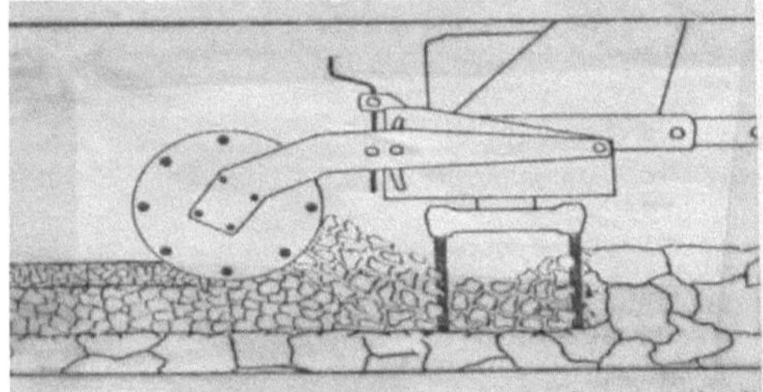

II. **Máquinas de sachar:**

A enxada é uma ferramenta concebida para realizar trabalhos muito superficiais de manutenção do solo e de enxada em culturas dispostas em filas (beterraba, vinha, etc.). O objectivo principal é destruir as ervas daninhas. No entanto, ao fragmentar a parte mais superficial do solo, que secará então consideravelmente, cria-se uma descontinuidade no caminho da água desde o solo até à superfície: a enxada ajuda assim também a preservar a água do solo.

III. **Os cilindros:**

Estes implementos são utilizados para compactar o solo ou soltá-lo superficialmente, destruindo torrões. Todos os rolos podem conseguir esta dupla acção, mas cada modelo tem uma característica dominante orientada para um ou para o outro.

1. **Rolo liso:** é composto por um certo número de elementos (ou bolas) que lhe permitem virar sem escavar o solo. Cada elemento tem um diâmetro de 40 a 60cm e um comprimento de 50cm em geral. A desvantagem destes dispositivos é que frequentemente causam a formação de uma crosta contínua na superfície do solo, o que impede a sua emergência em períodos secos.

2. **Rolo ondulado: a** sua estrutura e peso são semelhantes aos do rolo liso. A diferença reside na utilização de chapa de metal altamente nervurada. Este desenho enfraquece a crosta formada e torna mais fácil a passagem das plantas.

3. **Rolo de esqueleto: é composto** por uma série de elementos estreitos que não estão unidos entre si para evitar a crosta contínua do solo e para melhor destruir os torrões. Este modelo tende a embalar mais do que os outros e o seu peso é um pouco mais elevado.

4. **Croskill roller:** formado por uma sucessão de elementos de ferro fundido montados uns ao lado dos outros no mesmo eixo. Cada elemento é entalhado na sua periferia e nas suas faces laterais para melhor destruir os torrões. Há sempre dois diâmetros diferentes de cerca de 5cm alternados no mesmo eixo; os maiores têm um rolamento central muito maior do que o diâmetro do eixo, enquanto os mais pequenos têm um rolamento normal. Este arranjo permite

que os pequenos discos rolem normalmente enquanto os grandes avançam de forma brusca, criando uma fricção que evita o entupimento. O croskill é o quebrador de torrões mais eficiente mas o mais pesado, é apenas utilizado para a preparação do solo.

5. **Rolo estrela:** consiste em dois ou três eixos em que são montadas estrelas de ferro fundido (diâmetro 25 a 40 cm) girando livremente no seu eixo e encaixando-as numa hélice de modo a emaranhar-se a fim de afundar os encravamentos e efectuar uma verdadeira auto-limpeza da ferramenta.

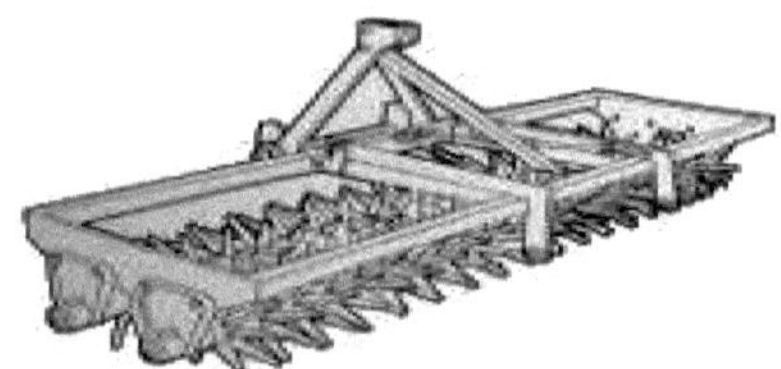

6. **Rolo** cultivador**:** Também chamado rolo de anel de cunha, tem normalmente dois eixos a trabalhar um atrás do outro. Os elementos têm uma aresta afiada ligada ao cilindro base por uma parte curva para esticar os torrões. Os discos dianteiros têm um diâmetro maior do que os discos traseiros. Estes cilindros proporcionam um afrouxamento muito bom.

Lavoura mínima :

Este sistema limita-se à lavoura rasa para preparar a cama de sementes sem afrouxar a sua profundidade.

Sem lavoura:

Este conceito pressupõe que todas as operações de lavoura, incluindo a preparação da cama de sementes e as medidas de controlo mecânico de ervas daninhas, são eliminadas. Só aderindo estritamente a este princípio é que a acção positiva da fauna do solo será plenamente explorada. Este sistema implica uma forte dependência de herbicidas químicos para o controlo de ervas daninhas e a ausência de quaisquer operações de inclinação do solo.

TÉCNICAS DE CULTIVO QUE POUPAM ÁGUA

I. **A cobertura vegetal ou cobertura vegetal:**

Uma camada protectora de resíduos da cultura ajudará a reduzir as altas temperaturas da superfície do solo. Irá melhorar a condição física da superfície do solo, promovendo a actividade da fauna do solo, tais como minhocas e térmitas. Isto pode ajudar a melhorar a infiltração da água. Para estabelecer e manter a actividade da vida selvagem, são necessárias pelo menos 2 toneladas de rejeitos por hectare. A protecção da superfície do solo contra o impacto das gotas de chuva é assegurada pela cobertura do solo com 90-100% de cobertura, o que representa entre 6 e 8 toneladas/hectare de resíduos de culturas. Estas quantidades não podem ser facilmente produzidas por uma única cultura (excepto talvez milho), pelo que são necessárias culturas de cobertura. Para gerir adequadamente estas culturas de cobertura, são necessárias técnicas de lavoura adequadas porque os métodos convencionais, tais como a aiveca ou a charrua de discos enterram demasiado material protector. A "semeadura directa" ou semeadura directa é a única forma de deixar resíduos. As grandes quantidades de palha necessárias não podem ser produzidas ou aplicadas em climas semi-áridos ou áridos, limitando o uso deste sistema a climas sub-húmidos.

II. **Agricultura seca ou arido-cultura:**

A agricultura a seco é um método de cultivo adequado para regiões semi-desérticas, que permite cultivar plantas, especialmente cereais, sem a necessidade de irrigação. A técnica consiste em lavrar muito profundamente para alcançar as camadas húmidas do solo e proteger a água disponível, quebrando os torrões superficiais da terra de forma muito fina. O terreno é semeado apenas de dois em dois anos, o que ajuda a construir reservas de água. A terra em pousio é então lavrada várias vezes para soltar o solo e para aumentar a sua capacidade de absorver a água da chuva. Esta técnica é praticada no Magrebe, nas planícies mais secas do interior, recebendo menos de 500 milímetros de precipitação. Mas a agricultura a seco promove a erosão do solo. As terras baixas são atacadas pelo vento e pelo escoamento superficial, que desenraíza a camada superficial do solo. Está agora em declínio devido aos avanços na irrigação.

III. **O Verão em pousio:**

Esta técnica consiste em deixar a terra em pousio durante uma parte de um ano agrícola. A terra deve então ser sachada durante a época normal de crescimento para evitar a perda de água devido ao crescimento de ervas daninhas. O objectivo da queda do Verão é armazenar água no solo e acumular nitrogénio nitrato no solo para a estação seguinte. Está sujeita a três grandes restrições:

- a precipitação média anual deve ser suficiente para humedecer o solo ao longo de todo o horizonte radicular;
- o solo deve ser suficientemente profundo e ter capacidade suficiente para reter a água disponível durante o período de pousio ;
- as espécies cultivadas devem ter um desenvolvimento radicular suficiente para utilizar a água armazenada.

O tipo de solo afecta a eficiência do pousio, uma vez que deve ter uma capacidade de retenção de água que lhe permita beneficiar da água adicional fornecida durante o período de pousio. Em geral, um solo com uma textura leve de argila arenosa ou areia sedosa ao longo do comprimento do seu perfil não será um reservatório adequado para armazenar humidade como seria o caso de solos com textura mais pesada.

IV. **Panelas de nível**:

Os levantamentos em grandes áreas com drenagem natural em terrenos suavemente inclinados têm sido eficazes em algumas áreas semi-áridas. O seu objectivo é reter a água de escoamento e armazenar a humidade do solo para as culturas. Estas lagoas niveladas podem variar de menos de meio hectare a vários hectares. Podem ser dispostos de tal forma que o excesso de água caia de um nível para o outro. São necessários pontos de escoamento de erva para drenagem, bem como desvios para reduzir o excesso de escoamento onde possa prejudicar as culturas. A quantidade de água recolhida nestes tanques depende da quantidade e natureza da precipitação e do número de tanques no sistema.

O SISTEMA DE CULTIVO:

Definição :

Um sistema de cultivo é uma representação teórica de uma forma de cultivar um determinado tipo de campo. (CNEARC, 1989)

Todos os procedimentos técnicos implementados em parcelas de terreno tratadas da mesma forma (Sébillotte Michel). Este conceito aplica-se portanto à escala das parcelas que são operadas da mesma forma.

Elementos do sistema de cultivo:

Um sistema de cultivo caracteriza-se pela homogeneidade na forma como uma cultura é cultivada num conjunto de parcelas: mesma espécie, associações de culturas, mesma sucessão de culturas, mesmos itinerários técnicos. É um método agrícola comum a um grupo de explorações agrícolas. Vários sistemas de cultivo podem ser encontrados numa quinta. Um sistema de cultivo é :

- Uma ou mais espécies e variedades plantadas ou semeadas ;
- Uma forma de combinar espécies no espaço: cultura pura ou associação;
- Uma dada sucessão de culturas (uma forma de combinar culturas ao longo do tempo, por vezes cíclica: neste caso, falamos de rotação);
- Um dado itinerário técnico ou itinerários "um conjunto de práticas de cultivo ordenadas no tempo, aplicadas a uma cultura ou combinação de culturas, desde a preparação da terra até à colheita".

Rotações e rotações:

Rotação de culturas: Distribuição das culturas no espaço.

Rotação: Sucessão no tempo de ciclos de culturas na mesma parcela (distribuição das culturas ao longo do tempo).

Numa parcela no tempo:

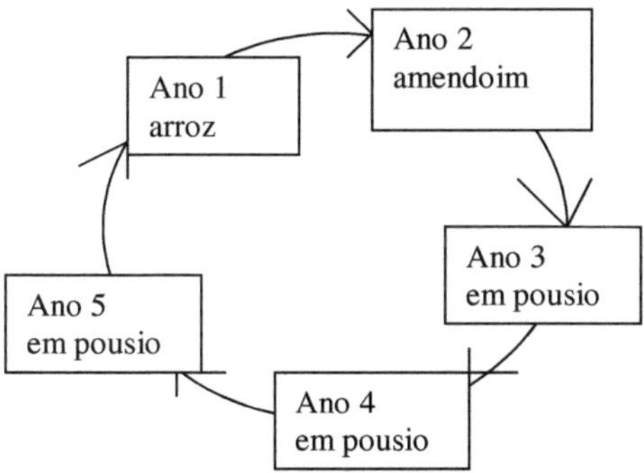

Mais de um ano no espaço:

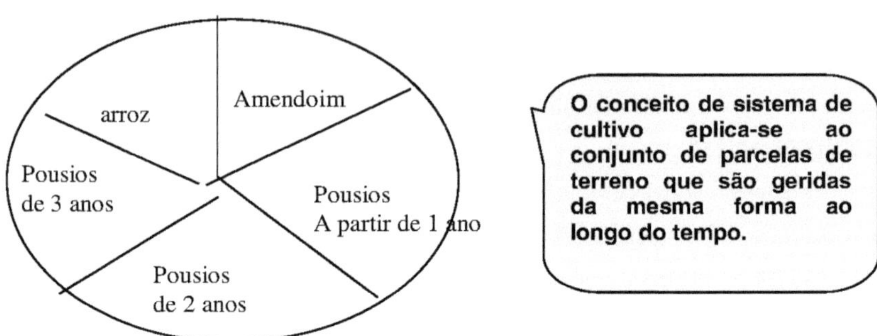

Várias parcelas de terra de um agricultor "encaixam" no mesmo sistema de cultivo. Isto não significa necessariamente que num determinado ano todas as parcelas se encontrem na mesma fase.

ESPAÇO

TEMPO

	Lote 1	Lote 2	Lote 3
Ano 1	Arroz	Amendoim	Pousios
Ano 2	Amendoim	Pousios	Arroz
Ano 3	Pousios	Arroz	Amendoim

O mesmo sistema de cultivo é praticado em todas as três parcelas.

Existe uma relação entre a importância relativa de uma espécie numa rotação e a sua importância relativa na rotação de culturas. Exemplo: Algodão // Sorgo // Milhote // Milhote: algodão representa 25% da rotação de culturas, sorgo também e painço representa 50% da rotação de culturas.

Exemplo de rotação: Cereais / Cebola / Tomate // Cereais / Cebola / Tomate

Itinerários técnicos :

Definição :

O itinerário técnico cultural é o conjunto de práticas culturais, ordenadas no tempo, aplicadas a uma cultura ou a uma combinação de culturas, desde a preparação da terra até à colheita.

- Para 1 sistema de cultivo: tantos ITK quantos os ciclos de cultivo a seguir, dentro de um ano e/ou num ciclo de rotação.
- No caso de culturas associadas, um itinerário técnico único para a condução de espécies associadas

A organização do sistema de cultivo :

Restrições de funcionamento :

Para descrever cada uma das operações:

Identificar as ferramentas, equipamento e inputs utilizados para cada tarefa.

Quanta semente é utilizada? De onde é que vem? São utilizados fertilizantes, herbicidas, pesticidas? É alugado equipamento específico (por exemplo, pulverizadores) para aplicação? Quais são as taxas dos produtos utilizados?

O estabelecimento do calendário cultural :

Propriedades intra-anuais:

Definição: sucessão de culturas numa parcela dentro de um ano.

Exemplo: dois ciclos por ano (ciclo 1: M*N e ciclo 2: Manioc)

		Jan	fev	mar	Abr	Maio	jun	jul	Agosto	sep	Out	nov	Dez
	Milho Ciclo médio (90 dias)				←	—	—	→					
	Niébé				←	—	→						
Ano 1	Manioc	—	—	→					←	—	—	—	—

Um calendário de ciclos de cultivo: posiciona os ciclos das diferentes espécies cultivadas, desde a sementeira até à maturidade, permitindo uma boa visualização das associações e sucessões intra-anuais. Deve estar relacionado com o calendário ombro-térmico da região.

Resumindo, portanto, é feita uma distinção ao programar as operações de cultivo:

- Períodos de operações
- As janelas do tempo
- Tempos de trabalho

Esta flexibilidade ou rigidez do calendário de cultivo é geralmente ditada pelas estações do ano, uma vez que certas operações técnicas só podem ser realizadas se forem satisfeitas condições climáticas óptimas (início da estação das chuvas, por exemplo). Esta informação sobre a 'flexibilidade' do calendário de colheitas é essencial para identificar picos de trabalho.

PERFIL CULTURAL :

Definição :

O perfil da cultura é um instrumento de diagnóstico agronómico que permite o exame de uma camada de solo (1,50 m de profundidade e 3 a 4 m de comprimento) para derivar princípios de acção para a prática agrícola (Hénin et al 1969). Os estratos assim definidos são descritos de uma forma muito metódica:

- Estrutura do solo: estado interno dos torrões e como são montados com o solo fino.
- Estado da água do solo.
- Distribuição do sistema radicular.
- Localização e evolução da matéria orgânica.

Métodos de Estudo :

Uma vez escolhida uma área representativa da parcela, as dimensões e a orientação da fossa devem ser definidas primeiro de acordo com a pergunta feita e a face de observação deve ser escolhida para a proteger da compactação ou atropelamento durante a escavação. A cova deve ser perpendicular à direcção da lavoura (o que implica conhecer a rota técnica precisa da parcela) e suficientemente grande e profunda. Para a observação do perfil, algumas ferramentas são indispensáveis: um garfo de escavação, uma faca com uma lâmina de cerca de 15 cm e arredondada na extremidade, um ou dois metros duplos, e se possível um bom fole. No início, tentaremos localizar as divisórias verticais e laterais, que são essenciais para uma compreensão da origem dos diferentes estados estruturais e uma interpretação correcta do perfil. No que diz respeito à estrutura, cada estrato será então descrito, caracterizando sucessivamente:

- O método de montagem dos torrões e da terra fina. Declarar " o ", como em " aberto " para torrões que não estão muito soldados uns aos outros e à terra fina. Indicar "b", como blocos, para torrões decimais com cavidades. Indicar "c", como "contínuo", se não houver torrões discerníveis.
- o estado interno dos torrões (cada torrão é partido ao meio para observar a face de fragmentação).
  - Os torrões delta, face plana sem rugosidade, sem porosidade visível, geralmente sem raízes ou minhocas de terra, resultam de assentamento severo.
  - Tufos gama, elevada rugosidade e porosidade, sem povoamento.
  - Triângulos delta zero, estado intermédio, face de fragmentação plana mas rugosa, baixa mas não porosidade zero, algumas raízes e galerias de minhocas.
  - Phi clods, apenas se estiverem presentes argilas inchadas, início de fissuras, facetas angulares.
  - Delta mais torrões, face perfeitamente plana com vestígios de "dobragem", resultam de um assentamento muito severo.

É também muito interessante observar as galerias de minhocas visíveis na face de observação (galerias vazias e brilhantes, ou parcialmente cheias de excrementos, presença de cavidades esféricas, etc.), e contar os buracos abertos das galerias de minhocas, num plano horizontal como o fundo da charrua. Ligando todas estas observações (sem esquecer as raízes), um diagnóstico pode ser feito gradualmente à escala do perfil e, portanto, para a área estudada na parcela.

FERTILIZAÇÃO

Definição:

A fertilização é a acção de aplicar fertilizantes orgânicos ou minerais, necessários para o bom desenvolvimento das plantas. Pode portanto ser realizada sob a forma de emendas húmicas (orgânicas) ou minerais (químicas). Na maioria das vezes, falamos de alterações quando o esforço de fertilização se destina ao solo e falamos de fertilizante quando o esforço de fertilização se destina às plantas.

Objectivos

1. Fornecer à planta os nutrientes de que esta necessita em espécie, na quantidade certa e no momento certo.

2. Manter a fertilidade do solo, incluindo os níveis de matéria orgânica. Pensando numa escala rotativa. Ao ter em conta as limitações técnicas, económicas e ambientais.

I. ALTERAÇÕES CALCÁRIAS

A acidez do solo e os seus inconvenientes :

As consequências variam de acordo com o nível de acidificação do solo:

- degradação estrutural do solo
- em solo não calcário, diminuição da CEC efectiva (capacidade de troca catiónica avaliada por um método com pouca modificação do solo), lixiviação catiónica. A fertilidade do solo é reduzida, elementos como o fósforo, potássio e magnésio estão menos disponíveis para a planta a partir de um certo nível de acidificação.
- Diminuição da actividade biológica do solo.
- aumento na solubilização de certos minerais que podem causar toxicidade (Al, Cu e Mn) se o pH cair demasiado baixo ($<5,5$). Estas toxicidades podem afectar a vinha (no caso de plantas jovens) mas afectam principalmente a vida do solo.

Reacção do solo e da vegetação à acidez :

- observações de campo: flora natural, degradação das condições de superfície, degradação mais difícil dos resíduos orgânicos.
- o pH da água que é o pH de uma suspensão de terra em água pura numa determinada relação terra/água (1/5 por volume padrão francês). Este pH varia de acordo com a estação do ano e não existe um pH ideal.
- a taxa de saturação S/CEC: a acidificação do solo resulta numa perda de cátions permutáveis (Ca^{2+}, Mg^{2+}, K^+, Na^+) do complexo de troca e a sua substituição gradual por iões H^+ e Al^{3+}.

• capacidade tampão: esta noção reflecte a maior ou menor capacidade do solo para moderar as variações de pH.

Correcção da acidez do solo :

• pH da água < 6,2 => correcção necessária

• 6,2 < pH da água < 7,0 => manutenção

• pH > 7,0 => sem entrada

Os cálculos das doses são feitos tendo em conta a diferença entre o estado desejável e o estado actual e a capacidade de amortecimento.

O papel do cálcio em relação à planta :

Principalmente activo sob a forma de carbonato, Ca2+ é um alimento vegetal que contém de 0,14 a 45 ‰ CaO (CaO = 1,4 Ca), dependendo da espécie, da natureza dos órgãos, da idade; sementes, frutos, raízes e tubérculos são menos ricos em Ca do que as folhas. O teor de cálcio das folhas aumenta com a idade.

É excepcional que o solo não forneça uma nutrição adequada de cálcio para a planta, uma vez que mesmo solos muito pobres contêm quantidades suficientes para satisfazer as necessidades alimentares da planta, variando de 25 a 100 kg de cálcio por hectare. Contudo, o cálcio afecta principalmente o pH e a eficiência do complexo argilo-húmico no solo: este é o seu papel essencial como corrector de solos. Tem um efeito positivo em :

-Estabilidade estrutural, permitindo a granulação estável das partículas, facilitando a passagem de ar e água e a penetração das raízes.

-PH, cujo óptimo é geralmente cerca de 6,5 (e mesmo 7,5 nos solos argilosos dos planaltos). Valores de pH acima de 8 são geralmente desfavoráveis à vinha e a certas árvores de fruto como as peras, ou a certas plantas anuais (soja, sorgo, tremoço) devido a um excesso de calcário activo que leva à clorose férrica.

-acidic earth microorganism activity.

-disponibilidade de certos elementos minerais no solo, uma vez que promove a mobilidade K+ e mantém os iões PO43- em formas assimiláveis.

A plena eficácia dos fertilizantes minerais só é obtida em terrenos em bom estado calcário.

Principais causas da perda de cálcio no solo :

São devidos:

• **Para o carácter acidificante dos fertilizantes**: 100 kg NPK (17-17-17) resulta numa perda de 21 kg CaO, 100 kg de nitrato de amónio de 33 kg CaO, e 100 kg de ureia de 46 kg CaO.

• **Na recolha da colheita**:

Cultura	Perdas de CaO em Kg/ha
Cereais	40-50
Beterraba, batata	90-120
Alfalfa	250-300
Mas ensilagem	50
Gramíneas forrageiras	60

- **Entrada de água da chuva**: $Ca2^{+}$ é facilmente arrastada pela água da chuva carregada com dióxido de carbono e enxofre. No total, estas perdas variam em cultivo intensivo de 400 a 800 kg CaO, ou unidades equivalentes de CaO (valor neutralizante).

Avaliação dos requisitos de calcário do solo :

É determinado em laboratório através da medição do pH e da taxa de saturação do C.E.C. (capacidade de troca catiónica). É calculado tendo em conta as quantidades de cálcio necessárias quer para manter as propriedades físicas do solo (superiores às necessárias para obter um pH da água de 6), quer para manter uma actividade biológica satisfatória do solo (igual às necessárias para obter um pH da água de 6).

Um solo em bom estado de produtividade deve conter cerca de 3 ‰ de CaO permutável se for arenoso, 2 a 3 vezes mais se for argiloso ou húmus (dependendo do E.C.C.). Se a análise ou alguns sinais visíveis (má estrutura, decomposição lenta dos insumos orgânicos, difícil implantação da alfafa) revelarem uma falta de cal, o pH é gradualmente aumentado.

Para evitar um bloqueio de elementos vestigiais, a maioria dos quais (excepto molibdénio) são menos assimiláveis pelas plantas num ambiente altamente alcalino, é preferível fazer adições moderadas de alterações calcárias, mas repetidas a cada 3 a 5 anos.

A calagem de manutenção, aumentando o pH em um quarto ou meia unidade de cada vez, deve tornar-se a regra.

Para aumentar o pH em meia unidade, são necessárias em média as seguintes quantidades/ha de correctores de solos:

	Cal viva	Pedra calcária (50% CaO)
Solos arenosos	400 a 1000 kg	800 a 2000 kg
Limões	800 a 2000 kg	1700 a 4400 kg
Solos argilosos ou de húmus	1300 a 3400 kg	2600 a 6800 kg

As várias alterações de calcário e as suas instruções de utilização :

Existem produtos crus (calcário, giz, dolomite, marga) e produtos cozinhados de acção mais rápida (cal). Um produto em bruto na forma granulada deve ser incorporado no solo depois de espalhado, com o risco de perder toda a sua eficácia após a recarbonatação. Os correctivos básicos do solo caracterizam-se por :

• O **seu valor neutralizante (NV):** Esta é a quantidade de óxido de cálcio CaO com a mesma capacidade neutralizante que 100 kg do produto em consideração. Por exemplo, o valor de neutralização é 100 para a cal pura CaO, e 56 para o carbonato de cálcio puro. A magnésia tem, para o mesmo peso, uma maior capacidade de neutralização que o óxido de cálcio: 1 MgO é equivalente a 1,4 CaO. Por exemplo, uma dolomite contendo 30% CaO e 21% MgO terá um valor neutralizante de 30+21 x 1,4 = 59.

• A **sua solubilidade carbónica**, caracterizando a sua rápida acção no solo. Temos assim 3 categorias de produtos: acção rápida (solubilidade carbónica $\geq$ 50), acção rápida média (de 20 a 50), acção lenta (< 20).

- **A sua delicadeza**. Mais finura permite uma melhor velocidade de acção. As emendas dizem:

-sprayado se 80 % do produto passar por uma peneira de 0,315 mm e 99 % no mínimo a 1 mm,

- moer se 80% do produto passar 4 mm,

-triturados ou crus se a sua granulometria for maior do que a dos produtos triturados.

Natureza do calcário e alterações magnesianas :

Composto principalmente de óxido ou carbonato de cálcio ou magnésio, destinam-se essencialmente a manter ou elevar o pH do solo e a melhorar a sua estrutura. O cálcio e o magnésio contidos nestas emendas podem ser utilizados para corrigir as deficiências do solo nestes elementos. O agricultor, informado pela análise das suas necessidades de solo, expressas em CaO, pode utilizar uma gama de produtos para efectuar a calagem.

Existem cinco classes de emendas de cálcio e magnésio:

Classe I

-Alterações de pedra calcária (giz, faluns, maerl, pitch, trez, marl) contendo como componente essencial carbonato de cálcio CaCO3 Estes são produtos em bruto.

Classe II

-Calcário magnesiano e correctores de solos magnesianos, produtos brutos de origem natural, contendo carbonato de magnésio, combinados ou não com carbonato de cálcio. A dolomite é um carbonato duplo de Ca2 $^{+}$ e Mg2 $^{+}$.

Classe III

-Lime, estas são as "emendas cozidas", compreendendo:

-cal viva agrícola onde o cálcio está no estado de óxido CaO,

-cal apagada agrícola, obtida após a hidratação da cal viva,

-Cal viva magnesiana da calcinação de rochas calcaro-magnesianas,

- cal apagada magnesiana resultante da hidratação da cal viva magnesiana,

- resíduos ou cinzas de cálcio ou cal magnesiana, resíduos do fabrico normal de cálcio ou cal magnesiana.

Classe IV

-Misturas de **emendas** "cozinhadas" e "em bruto".

Classe V

-Outras **emendas, a** mais importante das quais é constituída por escumas de defecação de doces, resíduos da filtração de sumos doces após carbonatação destes últimos por um leite de cal.

Condições de utilização de alterações de calcário :

- no caso de uma plantação, procuraremos uma acção lenta com uma emenda que tenha uma solubilidade média a baixa de carbono. Caso excepcional de solos com um pH < 5,8 onde é absolutamente necessário corrigir o pH rapidamente, utilizando emendas de acção rápida.
- numa vinha existente e no caso de uma situação a ser corrigida, devem ser utilizados produtos com acção rápida e elevada solubilidade de carbono.
- em manutenção em solos pesados, iremos realizar inputs de 3 a 5 anos com alterações de acção rápida.
- em manutenção em solo leve, os inputs serão efectuados de 2 em 2-3 anos utilizando correctores de solo de acção rápida média.

II. ALTERAÇÕES DE HÚMUS

A presença de matéria orgânica nos solos agrícolas é essencial para assegurar uma boa fertilidade.

Matéria orgânica e húmus:

Em termos gerais, podem distinguir-se três fracções de matéria orgânica: matéria orgânica fresca, matéria em processo de transformação e matéria orgânica estável. A matéria orgânica fresca (FOM) inclui resíduos de culturas, fertilizantes orgânicos recentemente aplicados, e fauna do solo. A ROM representa apenas 10% do estoque total de matéria orgânica. A biomassa microbiana (bactérias, fungos, algas microscópicas) é também matéria orgânica fresca.

A matéria orgânica estável (SOM) representa a maior fracção, com mais de 80%. É esta fracção que é vulgarmente referida como "húmus". O húmus é, portanto, o resultado da transformação da matéria orgânica numa forma estável que só muito lentamente se degradará.

A medição do teor de matéria orgânica (OM) de um solo é baseada na determinação do carbono orgânico (C). Assume-se que o conteúdo OM é igual ao conteúdo C orgânico multiplicado por um coeficiente de 1,72.

Papéis de matéria orgânica

Os efeitos nas propriedades físicas são melhor observados em solos sedosos e leves. A matéria orgânica desempenha um papel importante na estabilidade estrutural, aumentando a coesão das partículas. Solos de lodo com altos níveis de matéria orgânica são menos susceptíveis à debulha e à erosão. A estabilidade da matéria orgânica limita o fenómeno da compactação e facilita o sangramento do solo. A matéria orgânica também desempenha um papel na capacidade de retenção de água de um solo. Pode ser assimilada a uma esponja que retém água e mais tarde restaura-a em condições secas. É, portanto, em solos arenosos ou pouco profundos que níveis elevados de matéria orgânica estável (húmus) são de particular interesse.

As propriedades químicas de um solo são também influenciadas pelo conteúdo em matéria orgânica. Este último, juntamente com o barro, está envolvido na constituição do complexo argilo-húmus que contém nutrientes que serão absorvidos pelas raízes. Os conteúdos de argila e húmus determinam a capacidade de troca catiónica (CEC) de um solo. Quanto maior for esta capacidade, mais o solo será capaz de devolver nutrientes tais como magnésio, cálcio, potássio ou sódio às plantas. A matéria orgânica tem uma CEC mais elevada do que a argila. Em solos argilosos, a CEC será naturalmente mais elevada do que em solos arenosos onde a matéria orgânica desempenhará um papel mais importante na disponibilidade de nutrientes. Em solos arenosos, a matéria orgânica ajuda portanto a retardar a perda de elementos lixiviáveis como o potássio ou o magnésio.

Os efeitos sobre as propriedades **biológicas** de um solo são também atribuídos à matéria orgânica. A aplicação de matéria orgânica estimula a actividade microbiana do solo e aumenta a biomassa microbiana total.

Níveis desejáveis de matéria orgânica :

Dependendo do contexto pedo-climático, os níveis desejáveis de matéria orgânica serão, portanto, diferentes. Em solo argiloso, 2,2% é considerado óptimo. Em solo arenoso, para compensar a baixa capacidade de troca catiónica, deve ser atingido um nível óptimo de 2,5%. Em solo argiloso, 2% de MO pode ser suficiente. O teor de cálcio do solo também determinará a importância dos requisitos do MO. Assim, um solo calcário deve receber fornecimentos mais regulares de OM.

Aumentar os níveis de húmus :

Como qualquer stock, o stock de matéria orgânica num solo só pode aumentar se as entradas forem aumentadas. A mineralização também pode ser afectada, mas em muito menor grau.

- **Actuar na formação de húmus** :

A quantidade de húmus formada depende da quantidade de matéria orgânica trazida para o solo, mas também da natureza da matéria orgânica. O rendimento da transformação da matéria orgânica em húmus é avaliado por meio do coeficiente isohmico **K1**. Isto traduz a percentagem de OM que é transformada em húmus sob o efeito da actividade bacteriana. Quanto maior for o coeficiente, maior será a proporção de matéria orgânica que se transforma em húmus. É o caso dos compostos de resíduos verdes com coeficientes K1 entre 0,5 e 0,7. Por outro lado, há estrume e excrementos cuja matéria orgânica contribui muito pouco para a formação do húmus. O tipo de culturas cultivadas na quinta desempenha um papel importante na evolução dos stocks de húmus.

Valores do coeficiente isohmico K1

Estrume de gado	0,3 à 0,5
Excrementos de aves de capoeira	0,05 à 0,1
Estrume de aves de capoeira	0,1 à 0,15
Composto de resíduos verdes	0,5 à 0,7
Composto de resíduos domésticos	0,15 à 0,3
Lodo de esgoto	0,15 à 0,2
Palha	0,15

Consumo estimado de OM estável ("húmus") a partir de resíduos de culturas

Cultura	**Quantidade de OM estável (em kg/ha)**
Cereais de Inverno	550
Cereais de palha enterrados	1050
Silagem de milho	400

Milho em grão	1200
Beterraba com folhas enterradas	600
Batata	150

- **Actuar sobre a mineralização do húmus:**

O stock de húmus está sujeito ao fenómeno da mineralização que, todos os anos, destrói em média 1 a 2% da quantidade total de húmus. A quantidade de húmus mineralizado cada ano **K2** depende principalmente do tipo de solo e clima. A mineralização é mais importante em solos arenosos do que em solos sedosos e argilosos. Em solos calcários, a mineralização é frequentemente inferior a 1%. O pH do solo também desempenha um papel na intensidade da mineralização. Quanto mais ácido for o solo, mais lenta é a mineralização. As técnicas de cultivo podem influenciar a degradação dos stocks de húmus. Por exemplo, a lavoura profunda resultará numa diluição da taxa de húmus. A lavoura, ao promover a fragmentação e aeração do solo, aumenta o fenómeno da mineralização. De facto, o plantio direto ou técnicas simplificadas de lavoura tornam possível limitar a destruição do húmus.

Avaliação húmica:

Conhecendo as quantidades formadas e mineralizadas a cada ano, é possível estabelecer o equilíbrio húmico. Este balanço pode ser elaborado à escala da exploração, bem como à escala de cada parcela.

A análise regular do conteúdo OM das parcelas é um excelente indicador da evolução da fertilidade.

Fontes de húmus :

Os humificadores consistem principalmente em estrume, chorume, resíduos vegetais, resíduos de culturas, estrume verde, resíduos domésticos fermentáveis e lamas de estações de tratamento de águas residuais.

1. **Os bastardos:**

O estrume de aves de capoeira é muito rico em azoto, fósforo e potássio, enquanto outro estrume de bovinos, ovinos, caprinos e cavalos é mais frequentemente deficiente em fosfato. A obtenção de bom estrume começa no celeiro, onde a cama, bem humedecida com urina, deve ser tão compacta quanto possível para que se possam criar condições anaeróbicas, garantindo menos perdas de carbono, potássio e azoto. Como o estrume é deficiente em fósforo, os agricultores devem complementá-lo tratando a roupa de cama, por exemplo, com fosfatos de cálcio (fosfatos naturais ou maerl).

2. Chorume:

A melhor maneira de preparar o chorume seria oxigená-lo para manter a actividade aeróbica nos poços de armazenamento, complementá-lo com fosfatos e diluí-lo.

3. Resíduos vegetais e adubos verdes :

A matéria orgânica é triturada, diluída e depois humedecida. São suficientemente amontoados e compactados para iniciar a fermentação anaeróbica e o controlo da temperatura. Após alguns dias, a pilha é retomada, descompactada para que a aerobiose desejada possa ter lugar. É durante este reinício que o solo, calcário e fosfatos podem ser adicionados ou para controlar a humectação. O composto é então deixado a amadurecer durante dois a três meses. Quando houver espaço suficiente, a pilha pode ser tomada para a recompor e misturar os materiais orgânicos que já estão bem compostados com os que não estão suficientemente compostados. Quando o composto estiver completamente maduro, pode ser incorporado no solo ou, melhor ainda, espalhado à superfície e deixar a fauna do solo misturar-se com as partículas minerais no solo.

Os adubos verdes estão entre as interessantes alterações húmicas. Trata-se de cultivar uma planta que produz rapidamente uma grande quantidade de vegetação que será enterrada depois de esmagada. Além de fornecer matéria orgânica, as principais vantagens do adubo verde são que não deixam o solo sem cobertura vegetal e mantêm intacta a actividade microbiana da rizosfera. O papel das adubações verdes na melhoria da estrutura do solo é fundamental. A única desvantagem notável das adubações verdes, mas é a de toda a vegetação, é a evapotranspiração que se segue e que corre o risco, mais ou menos, de secar o solo.

II. ADUBAÇÃO MINERAL

O raciocínio por detrás das aplicações de fertilizantes é o seguinte:

• A quantidade (dose) a trazer.

• A forma do fertilizante.

• O número e as datas das contribuições.

• O interesse dos fertilizantes.

Os elementos necessários para a planta provêm do ar e do solo. Se o solo é rico em nutrientes, as plantas crescem bem e dão altos rendimentos.

Se o solo é pobre em apenas um dos elementos, o crescimento das plantas é limitado e os rendimentos são reduzidos. Para obter bons rendimentos, as culturas devem ser fornecidas com os elementos que o solo carece.

Nutrientes necessários para o crescimento das plantas :

A grande maioria das plantas necessita de 16 nutrientes para crescer:

- do ar: Carbono(C) sob a forma de CO_2 (dióxido de carbono) ;
- Água: Hidrogénio (H) e oxigénio (O) sob a forma de água (H_2O);
- solo e fertilizantes minerais e orgânicos :
  - elementos básicos ou principais (elementos macro): Nitrogénio (N), fósforo (P), potássio (K).
  - elementos secundários: Cálcio (Ca), magnésio (Mg), enxofre (S).
  - oligoelementos: Ferro (Fe), manganês (Mn), zinco (Zn), cobre (Cu), boro (B), molibdénio (Mo), e cloro (Cl).

Os elementos secundários e vestigiais estão normalmente presentes em quantidades suficientes no solo e só devem ser adicionados se for encontrada uma deficiência.

Os elementos principais

Nitrogénio (N) :

O nitrogénio é um elemento importante para a fertilização de plantas, é retirado do solo sob a forma nítrica (NO_3^-) ou amoniacal (NO_4^+). Tem vários papéis no desenvolvimento de plantas. É o motor do crescimento das plantas e contribui para o desenvolvimento vegetativo de todas as partes aéreas da planta, folhas, caules e formação de sementes, daí a sua contribuição para a melhoria do rendimento.

Fósforo (P) :

O papel do fósforo é reforçar a resistência das plantas e contribuir para o crescimento e desenvolvimento das raízes, frutificação e sementeira.

Potássio (K) :

O potássio é um elemento que ajuda a promover a floração e o desenvolvimento dos frutos. Tem também uma acção de reforço da resistência à doença e ao frio, limitando a evapotranspiração, a rigidez do caule, e construindo a reserva de nutrientes (bolbos).

Sinais de deficiências nos elementos básicos: N.P.K.

Para nitrogénio (N)

- Falta de vegetação ;
- folhagem verde claro ou amarelada (clorose) ;
- Plantas de tamanho pequeno.

Para fósforo (P)

- A folhagem é verde escura, bronzeada ou avermelhada;
- Ramos esguios ou mal formados ;
- Baixa floração;

- Aborto das flores;
- Amadurecimento tardio dos frutos.

Para potássio (K)

- Necroses castanhas nas pontas, margens e entre as veias das folhas ;
- A distância entre os nós do caule torna-se menor,
- A borda das folhas por vezes enrola-se para cima;
- Plantas sensíveis a doenças ;
- Frutas com pouco açúcar e sem sabor;
- Má preservação dos vegetais de raiz.

Princípio da fertilização

O principal objectivo da fertilização é manter a fertilidade do solo para satisfazer as necessidades das culturas. Os princípios actuais da fertilização baseiam-se em três leis fundamentais: a lei de restituição ao solo, a lei dos aumentos menos que proporcionais e a lei da interacção.

A lei da restituição no terreno:

Baseia-se na compensação das exportações de elementos minerais pelas plantas através de restituições para evitar o empobrecimento do solo. Esta regra é insuficiente por três razões:

- Alguns solos são naturalmente pobres em um ou mais nutrientes, pelo que devem ser enriquecidos para satisfazer a definição de solo cultivado.
- Geralmente, os solos são expostos a perdas de nutrientes através de lixiviação.
- Durante certos períodos do seu ciclo vegetativo, as plantas têm necessidades nutricionais intensas chamadas "necessidades instantâneas", altura em que as reservas mobilizáveis do solo podem ser insuficientes.

A lei dos rendimentos menos que proporcionais:

Quando doses crescentes de um nutriente são aplicadas ao solo, os rendimentos não aumentam proporcionalmente. De facto, os aumentos de rendimento que são obtidos são cada vez menores à medida que as quantidades aplicadas aumentam.

Assim, existe uma dose óptima de elementos a serem introduzidos, uma vez que a dose máxima não é a mais económica. Além disso, a fertilização deve ter em conta a taxa de absorção dos elementos, a capacidade de troca do solo e a dinâmica dos nutrientes.

A lei do mínimo:

A falta de um elemento assimilável no solo reduz a eficácia dos outros elementos e, consequentemente, reduz o rendimento da cultura (lei de Liebig).

Todos os nutrientes devem estar presentes em algum equilíbrio variável com a cultura. Os elementos principais (N P K, etc.), devem necessariamente estar presentes em maiores quantidades, mas qualquer elemento Oglio pode actuar como um factor limitador se existir uma deficiência neste elemento.

Os diferentes tipos de fertilizantes minerais :

É feita uma distinção entre fertilizantes **simples, que** contêm apenas um nutriente, e fertilizantes **compostos,** que podem conter dois ou três nutrientes. O nome dos fertilizantes minerais é normalizado por referência aos seus três componentes principais: N-P-K.

Os fertilizantes simples podem ser nitrogénio, fosfato ou potássio. Os fertilizantes compostos podem ser binários (quando contêm dois elementos N-P ou P-K ou N-K). Estas letras são geralmente seguidas por números, representando a respectiva proporção destes elementos.

Os fertilizantes químicos produzidos industrialmente contêm uma quantidade mínima garantida de nutrientes. Esta quantidade está escrita no saco.

Fertilizantes simples:

- **nitrato de amónio (UAN, 32% N), um** *fertilizante líquido polivalente, a ser diluído em* água entre 5 e 10%, dependendo da fase vegetativa. Destina-se a todas as culturas: Cereais - batatas - tomate industrial - arboricultura - viticultura.
- **sulfato de amónio (SA, 21% N), um** *fertilizante de cobertura azotada para* todas as culturas. Culturas cerealíferas - horticultura de mercado - arboricultura - culturas industriais. Também contém um elemento secundário, o enxofre (24%).
- **Ureia (46% N), um** *fertilizante de cobertura azotada, destinado a todas as culturas:* Cereal crops - market gardening - arboriculture - viticultura - leguminosas.
- **Nitrato de cálcio e amónio (CAN, 27% N), um** *fertilizante de cobertura azotada para* todas as culturas: Cereal crops - market gardening - arboriculture - viticultura. Também contém dois elementos secundários: Cálcio (7,5%) e magnésio (3,5%).
- **Le sulfazote (26 % N),** cultura de cobertura de nitrogénio sulfuroso, para todas as culturas: Cereal crops - market gardening - arboriculture - viticultura. Também contém um elemento secundário: Enxofre (14%).
- **Superfosfato simples (SSP, 20% P), um** *adubo fosfatado inferior e superior,* destinado a todas as culturas: Culturas de cereais - leguminosas - hortas de mercado - arboricultura - culturas industriais - culturas forrageiras. Também contém dois elementos secundários: cálcio (28%) e enxofre (22%), e oligoelementos : Boro (61ppm), ferro (2134 ppm), manganês (27 ppm), zinco (127 ppm), cobre (02 ppm).

▪ **Superfosfato triplo (TSP, 46% P),** ***um*** *fertilizante de fosfato inferior utilizado antes da* sementeira de cereais e leguminosas. Também contém oligoelementos Boro (61ppm), ferro (3638 ppm), manganês (114 ppm), zinco (170 ppm), cobre (05 ppm).

Fertilizantes compostos:

▪ N.P.K.s **(04.20.25)** *é um fertilizante* **potássico** *complexo* ternário de **fosfato de nitrogénio.** Contém 4% N, 20% P e 25% K. Um fertilizante de fundo, destina-se a todas as culturas perenes incluindo a viticultura - arboricultura. Contém também um elemento secundário: enxofre (12%) e oligoelementos: Boro (29 ppm), ferro (2036 ppm), manganês (34 ppm), zinco (173 ppm), cobre (02 ppm).

▪ N.P.K.s **(10.10.10)** *é um fertilizante ternário* contendo 10% N, 10% P e 10% K. É versátil e utilizado para a jardinagem - viticultura - arboricultura como fertilizante de fundo na altura da sementeira e para as diferentes plantações. Adapta-se a todos os tipos de solo. Contém também micro-nutrientes: Boro (30 ppm), ferro (1723 ppm).

▪ O **nitrogénio fosfato de potássio clorado N.P.K.c (15.15.15)** *é um fertilizante ternário que* contém 15% N, 15% P e 15% K. É versátil e é utilizado para todas as culturas hortícolas e industriais (com excepção das culturas sensíveis ao cloro) como fertilizante de fundo no momento da sementeira em solos não salinos com uma capacidade de sangramento.

▪ N.P.K.s **(15.15.15)** *é um fertilizante ternário* contendo 15% N, 15% P e 15% K. É um fertilizante versátil utilizado para a jardinagem - viticultura - arboricultura como fertilizante de fundo no momento da sementeira e para as diferentes plantações. Adapta-se a todos os tipos de solo. Contém também enxofre (8%) e oligoelementos: Boro (45 ppm), ferro (1723 ppm), manganês (30 ppm), zinco (156 ppm), cobre (02 ppm).

A noção de dose de fertilizante:

A taxa de fertilização representa a quantidade de fertilizante que deve ser incorporada no solo para satisfazer as necessidades de manutenção e produção das plantas cultivadas no solo. Por conseguinte, deve ser suficiente para assegurar o crescimento harmonioso da planta e o rendimento esperado em termos de quantidade e qualidade.

Cálculo da taxa de aplicação de fertilizantes :

As concentrações de unidades de fertilizantes em fertilizantes são expressas em % (isto é, por 100 kg de produto comercial) e as necessidades das culturas são dadas por hectare. A fórmula para calcular a dose é portanto :

Dose = Necessidade de plantas x 100 kg / Dosagem de fertilizantes.

EQUIPAMENTO DE FERTILIZAÇÃO

Introdução :

A fertilização visa manter e aumentar o potencial do solo, fornecendo fertilizantes e emendas. As emendas são utilizadas para manter ou corrigir a estrutura física do solo e são geralmente produtos minerais (calcário, marga, calcário agrícola...etc.) Enquanto os fertilizantes trazem ao solo, e portanto às plantas, os elementos químicos essenciais ao seu desenvolvimento (azoto, ácido fosfórico e potássio).

Os fertilizantes podem ser de origem natural ou industrial. As chamadas naturais são: estrume verde, estrume e chorume. Quanto aos fertilizantes industriais, são geralmente na forma sólida ou por vezes em pó (líquido).

Em todos os casos, os materiais devem ter uma elevada resistência à corrosão, uma vez que os produtos aplicados são geralmente muito agressivos. Os plásticos e o aço inoxidável são frequentemente utilizados.

I. Espalhadores de fertilizantes centrífugos :

Estes dispensadores altamente reactivos ou estão montados ou semi-montados. As unidades montadas têm uma capacidade de 40 a 2000 litros e as unidades semi-montadas até 10.000 litros. As larguras de espalhamento variam de 9 a 24 metros, enquanto algumas máquinas podem atingir até 30 metros. Os distribuidores centrífugos são do tipo tubo giratório ou disco rotativo.

I. 1. distribuidor centrífugo com tubo oscilante :

O fertilizante é espalhado através de um tubo cônico horizontal, que gira em ziguezague e atira o fertilizante para a retaguarda no sentido da marcha. O fertilizante na tremonha cónica cai em direcção ao tubo giratório por gravidade. O movimento do tubo é conduzido através do eixo da junta universal do tractor.

No fundo do funil, um agitador conduzido pelo distribuidor assegura um fluxo uniforme de fertilizante através de aberturas ajustáveis que permitem a adaptação da taxa de espalhamento. O ajuste do spread rate consiste em dois coulters de disco fixos e um de disco ajustável com aberturas. A rotação do disco em movimento com a ajuda de uma alavanca de controlo altera as secções transversais do fluxo do fertilizante e, por conseguinte, a taxa de espalhamento.

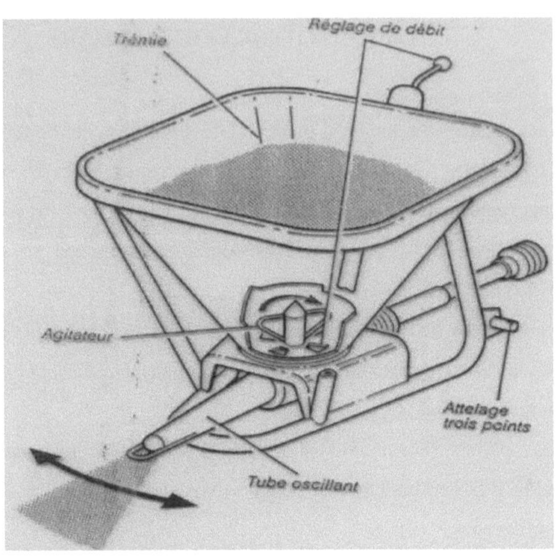

I. 2. Distribuidor centrífugo com discos rotativos :

Este tipo de equipamento pode ser de distribuição por gravidade ou mecânica. No caso de uma alimentação por gravidade, o equipamento inclui uma tremonha, um sistema de regulação de fluxo que consiste em alçapões ajustáveis localizados a montante dos discos, e um ou dois discos com eixos verticais. Os discos de espalhamento estão equipados com palhetas de espalhamento mais ou menos radiais que atiram o fertilizante num arco circular atrás da alfaia. Nos sistemas de dois discos, as velocidades são geralmente opostas.

A alimentação mecânica é principalmente utilizada em alimentadores de grande capacidade, onde o funil não pode ser localizado acima dos discos. Neste caso, o fertilizante é transportado por um transportador longitudinal para duas correias transportadoras laterais de borracha que alimentam os discos. A taxa de espalhamento é definida através de persianas ajustáveis em frente das correias laterais ou através da alteração da velocidade do transportador longitudinal.

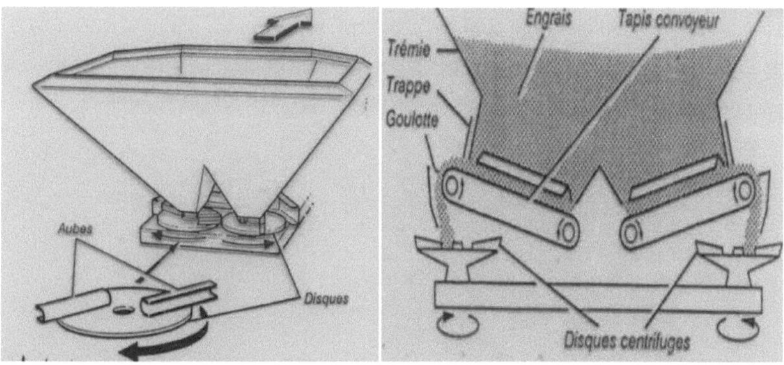

I.3. Distribuidores pneumáticos :

Neste tipo de distribuição, o fertilizante da tremonha é transportado em tubos por um fluxo de ar de um ventilador ventilador para bicos distribuidores ou difusores dispostos numa correia transportadora transversal. Um espalhador de fertilizante pneumático consiste em: tremonha, unidades doseadoras laterais, ventilador, tubos e bicos.

- **A tremonha:** Com uma capacidade de 600 a 800 litros, tem a forma de uma pirâmide truncada ou de um cone truncado para alfaias montadas. É mais largo e pode atingir 5.000 a 6.000 litros para as maiores máquinas.

- **Unidades doseadoras: As** unidades doseadoras são geralmente constituídas por rolos de pinos ou lamelas dispostos em tantas filas quantos os tubos a serem alimentados. O caudal é ajustado manual ou automaticamente (caudal proporcional à velocidade de avanço) através da variação da velocidade de rotação destes rolos, utilizando uma caixa de velocidades ou um variador. O accionamento é fornecido pelo eixo da tomada de força para alfaias montadas e pelas rodas em alfaias semi-montadas.

- **A turbina:** é accionada pelo eixo da TDF e cria um fluxo de ar que transporta o fertilizante desde os espalhadores até aos espalhadores.

- **Os tubos:** Dispostas em paralelo numa rampa horizontal, são feitas de tubos plásticos rígidos ou flexíveis. São de comprimentos diferentes, cada um terminando num difusor. O comprimento da rampa varia de 9 a 24 metros.

- **Difusores:** Estes são orifícios de saída, distribuídos uniformemente sobre a lança, com um espaçamento de 35cm a 1m. São compostos ou por uma palheta nervurada formando um deflector, ou por um pequeno rotor que gira sob a influência do fluxo de ar. O seu papel é distribuir o fertilizante, com um ligeiro cruzamento, de modo a obter um espalhamento tão uniforme quanto possível.

Os espalhadores de fertilizantes pneumáticos podem ser utilizados para a fertilização pontual através da colocação de mangas de localização nos espalhadores que guiam o fertilizante para a posição desejada no solo.

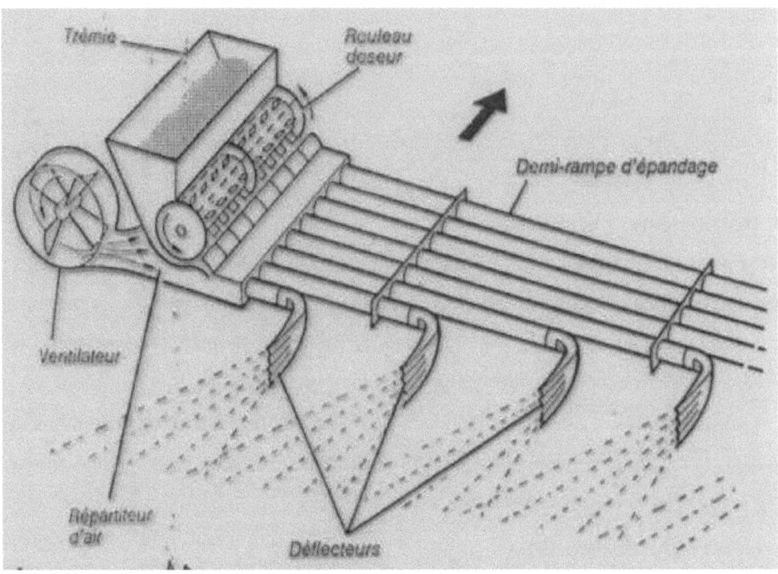

II. Espalhadores de estrume :

O estrume tem uma composição e densidade variáveis: a sua estrutura varia desde o estrume de palha até ao estrume compacto que é difícil de triturar. É normalmente aplicado a 30 a 70 toneladas/ha, o que requer o manuseamento de grandes volumes.

II. 1. espalhador de estrume traseiro :

É um reboque semi-montado com um piso móvel e uma unidade rotativa de trituração e espalhamento, accionada pelo eixo da tomada de força do tractor. As capacidades variam de 5 a 15m² e os dispositivos de espalhamento podem ser desmontados a fim de utilizar o reboque para outros fins.

- **Piso móvel**: este é um piso móvel, geralmente composto por duas ou quatro correntes longitudinais, ligadas uma à outra por barras metálicas perfiladas que se deslocam no fundo do reboque da frente para trás arrastando o estrume. O chão móvel (muito lentamente) e o sistema de espalhamento são operados pela tomada de força do tractor.

• **Espalhamento de órgãos**: estes órgãos trituram e espalham o estrume empurrado pelo fundo em movimento. São constituídos por um ou mais rotores horizontais (até três) ou verticais (até quatro) de várias formas: ouriços (rotores equipados com dentes, facas, lâminas ou pá), parafusos helicoidais, ou discos serrilhados montados obliquamente sobre um eixo, etc.

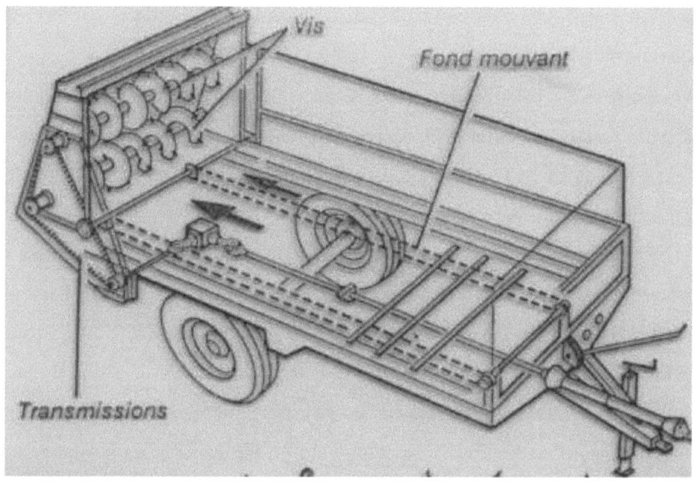

II. 2. Espalhador lateral de flocos :

É um reboque constituído por uma caixa estanque que suporta um rotor longitudinal, equipado com correntes e flocos. O rotor, conduzido pela TDF, pode mover-se verticalmente acima da caixa para permitir um ataque progressivo dos flails que atiram o estrume para o lado, graças a um deflector superior.

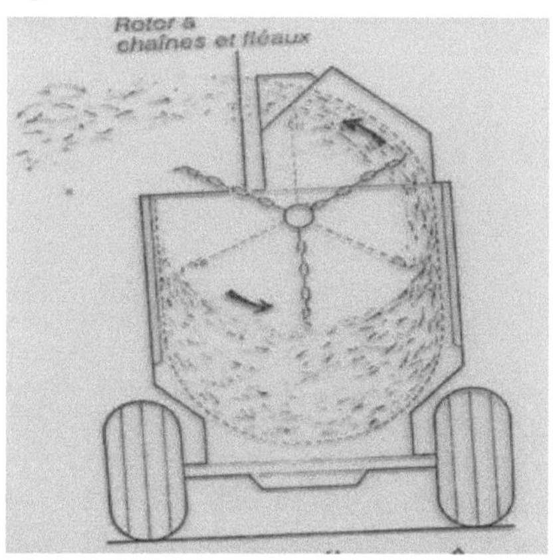

III. Espalhador de chorume :

Também conhecido como "tanque de chorume", este equipamento semi-montado consiste num tanque montado num chassis de um ou dois eixos, um compressor pneumático que fornece a energia necessária para o carregamento e espalhamento, e um dispositivo de espalhamento.

• **O tanque**: tem uma capacidade de 2 a 10m3, é feito de aço galvanizado para resistir à corrosão. A parte de trás está equipada com parafusos e dobradiças sólidas para permitir a limpeza e remoção de depósitos.

• **O compressor pneumático**: trata-se de um compressor rotativo accionado pelo eixo da tomada de força do tractor. Um sistema de válvula inversora permite, no momento da carga, ligar a aspiração do compressor ao interior da tonelada. O vácuo resultante permite que o chorume seja aspirado para o poço utilizando um tubo de enchimento de grande diâmetro. Para o espalhamento, o operador inverte o fluxo do compressor, que empurra o ar de volta para a tonelada, para expulsar o chorume através de uma válvula de espalhamento controlada remotamente da cabine do condutor do tractor. Um sistema de válvula anti-retorno evita que o chorume seja sugado pelo compressor. Além disso, uma válvula de alívio de pressão e vácuo protege o sistema contra sobrepressão e risco de rebentamento.

• Espalhamento de **órgãos**: o espalhamento de estrume é mais frequentemente feito por aspersão ou por vezes por enterramento. No caso de espalhamento por pulverização, o camião-cisterna de chorume está equipado com um difusor colocado na saída da válvula de descarga. Este difusor é concebido para distribuir o chorume como uma mancha no chão.

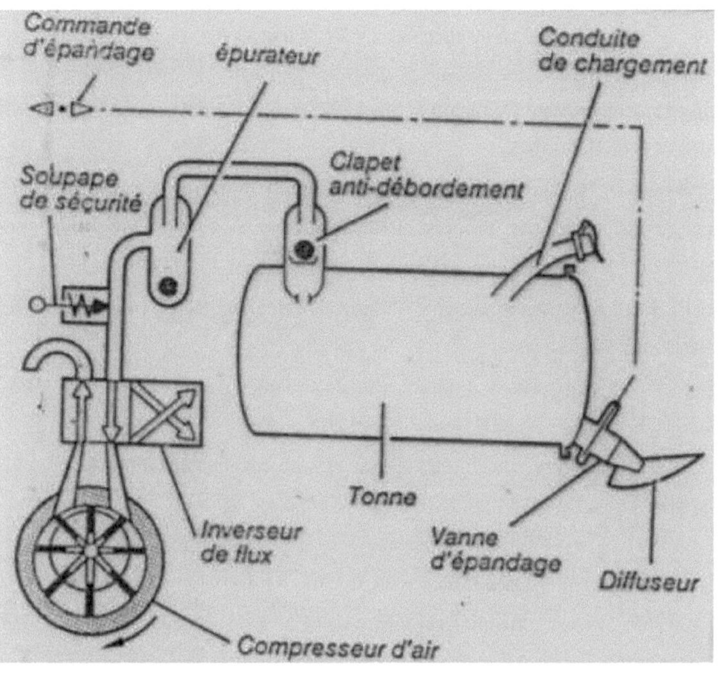
Commande d'épandage
épurateur
Conduite de chargement
Soupape de sécurité
Clapet anti-débordement
Tonne
Inverseur de flux
Vanne d'épandage
Diffuseur
Compresseur d'air

REFERENCIAS BIBLIOGRAFICAS

Barthelemy P., Boisgontier D. Lajoux P. , 1992. A escolha de ferramentas de lavoura. ITC F, 194 p. ISBN 2-86492-140-5.

Bassez J., Delouvée R., Habib Z., Corpen, 1997, Bien choisir et mieux utiliser son matériel d'épandage de lisiers ou de fumiers. Brochura produzida pelo subgrupo Spreadading, TRAME-BCMA, FNCUMA, Agence Seine Normandie, Estudo CORPEN, 55 p.

Candelon P., 1981. Maquinaria agrícola Volume 1: Equipamento de preparação e fertilização do solo. J-b Bailiff Ed. 218 p.

Cedra C. , 1997. Fertilização e equipamento de tratamento de culturas. Ed. CEMAGREF, FNCUMA, ITCF, Lavoisier Tec e Doc, 343 p. ISBN 2-85362-458-7.

Cedra C. , 1993. Lavoura, sementeira e material de plantação. CEMAGREF, FNCUMA, ITCF, Lavoisier Tec e Doc, 384 pp. ISBN 2-85362-348-3

Cedra C. , 1991. Léxico ilustrado de máquinas e equipamentos agrícolas. Ed. Cemagref DICOVA e Lavoisier tec et Doc, 350p.

CNEEMA, 1963. Tractor e maquinaria agrícola - Livro do mestre - Volume 2. Ed. Antony (Sena): Centre national d'études et d'expérimentation de machinisme agricole, 264 p.

Hénin S., Féodoroff A., Gras R., 1969. Le profil cultural : l'état physique du sol et ses conséquences agronomiques. Ed. Paris Masson, 332p.

Hénin S., Féodoroff A., Gras R., Monnier G., 1960. O perfil cultural. Princípios da física do solo. Editions du Seuil, SELA Paris, 320p.

Lerat P. 2015. Operação e manutenção de maquinaria agrícola. Ed. Agriculture Today, 440 p.

Oestges O. 1994. La mécanisation des travaux agricoles: Tomo 1. Ed. Les presses agronomiques de Gembloux, 248 p. ISBN 2-87016-044-5.

Soltner D., 2005. Os princípios básicos da produção de culturas. Volume 1: Melhoria do solo e dos solos. Ed. Sciences et Techniques Agricoles, 472p. ISBN 2-907710-00-1.

Printed by Books on Demand GmbH, Norderstedt / Germany